U0069328

享受世界名茶——

喝一杯，幸福無限

主編／喝茶時間・書籍編輯部
譯者／曾麗錦

代序

好想喝喝看全世界的茶！

我們眞的是經常喝茶。

每當餐後、工作中途休息片刻、會議上、看電視時，還有喝茶時間，我們都會喝茶。

我們也經常奉茶給客人、親人、朋友、同事、男女朋友。

我們每天都喝這麼多的茶，卻很少有「好喝！」的感覺。

原因是在茶葉嗎？又或者是，被喝茶時的心情及氣氛所影響呢？

想喝喝看更好喝的茶。

能夠的話，更希望自己有辦法，泡出一壺好茶。

在喝了一杯茶後，心裡能變得穩靜舒適。

爲了達到這些目標，究竟該怎麼做才好呢？

……首先，我嘗試了收集「平常所喝得到的茶種」。從那之後，我就開始購買尚未喝過的茶種，每當見到朋友就告訴他們，我喜好喝茶，從國外回來送給我的禮物，希望會是茶葉等。經過我持續不斷地告訴朋友的結果，一年內我收集到了三大紙箱的茶種。

只要一有新茶種入手，我便會小心謹慎地重複照著程序泡泡看、喝喝看，但是廚房還是到處擺滿了茶葉，只是一般能夠輕易入手的品種而已；而那些品種的多樣化、味道及香味的變化眞是令人感到驚奇。

在當時，我所發現的是——雖說一個「茶」字，卻有兩種譜系。一種是起源於中國的雲南省，山茶科的植物，使用的是「茶」樹的葉子的茶。另一種是在世界各地被使用為藥茶的香草、果皮、樹皮等的茶種。

在喝過那麼多品種的茶中，從「茶」樹被製造出來的茶有英國紅茶、上海的普洱茶、台灣及香港的龍井茶、越南的茶、當然還有日本的煎茶及玉露茶等。而歐洲的花草茶、巴西的馬黛茶、韓國的藥茶等，都可說是「茶」樹以外的茶。

我也儘量前往許多不同城鎮，到不同茶店。進入有名的紅茶專賣店及賣藥草茶的店內買買茶、喝喝茶、聽聽有關茶的知識或故事。也因此令我驚訝：就算不是特別昂貴的茶葉，只因泡法的不同，竟也能變得如此好喝。

喝得越多，瞭解得越深，越是被茶的世界之深奧所吸引。

這本書是特別喜愛喝茶而投入那個世界的六位精通「茶」的高手們，要來與我們談談有趣的「茶的故事」。從在我們身旁的紅茶及日本茶，還有可以治療我們身體，可以放鬆我們心情的藥草茶（herb）開始，直至已擁有數千年歷史、動腦筋讓人感到有趣的混合茶，所有的這些茶都是我們「平常喝的茶」。

除了巴西的馬黛茶、西藏的奶油茶外，包括古早以前就在世界各地被飲用且罕有

的茶，甚至這些茶的沖泡方式，我們都將為您一一介紹。

隨著（本書）被茶所吸引的每個人的故事，以及纏繞著茶的歷史及趣聞，也因而讓我們瞭解到現在「茶的世界」的魅力！

目錄

紅茶

從茶樹製造出來的茶，大致可分為完全發酵的紅茶、半發酵的烏龍茶、無發酵的綠茶等。這些茶中，在現在世界上消費最廣的，便是紅茶。

其實在十七世紀初期，於歐洲開始被傳佈的是綠茶，並且像是被當成高價而且貴重的藥而飲用。不久，隨著茶的輸入量增加，紅茶取代了綠茶，在英國成為廣大人民的固定飲料。

與咖啡及可可豆等同時期，作為新飲料被帶入歐洲的茶，雖說只是茶，但是對於有醫學的效用與否及價格過高的批評，以及是否為讓婦女墮落的飲料，又是否該倒入茶碟內飲用與否，在當時從貴族階級至一般平民都被捲入，引起了各式各樣的爭論。

又，在「紅茶王國」的英國，男人從清早就在禁止女人進出的咖啡屋品嘗咖啡及紅茶的同時，相對的，女性漸漸地也在家中享受起喝茶的時間。紅茶的命運轉變也就在此。

這樣一來，以婦人為中心開始了茶具的裝飾、陳設，喝茶時間的設定等，喝茶的禮儀便詳細地被制定下來。然後像早茶、下午茶（或者是五點時喝的茶）、高茶（與肉類料理搭配一起的茶）這些習慣便慢慢地誕生了。

在故事及推理小說中，也經常會描述到喝茶的時間。

尤其令人感到有趣的是，故事中艾麗絲迷路走進三月兔子及帽子屋和睡老鼠的「頭腦有問題的茶會」（源自路易絲・凱露的《艾麗絲夢遊仙境》）。

相信在路易絲・凱露從事大學教授的一世紀以上之前的英國，應該有著格調高級且豪華的茶會，或許凱露女士亦早已厭倦於婦人們的茶會吧！

在阿卡薩・可利絲的推理小說中也有許多喝茶的場面。最喜歡喝茶、編織東西及傳言的名偵探瑪波魯女士的小說中，更是特別地登滿了極為漂亮的喝茶場面，保證一定能從中學習到喝紅茶的學問。

紅茶好喝是當然不過，而纏繞在那周圍的故事，也不由得讓人感到有趣。

*

我務必邀請喜愛紅茶的各位到一個地方。

從車站過去五分鐘，穿越人多擁擠的市場，走下樓梯進入地下室，打開厚重的門，那裡就是「紅茶飛行船」。那是一家會令人感到心情非常舒適的店。紅磚牆、毫無刻意修飾的木桌及椅子，彷彿回到六〇年代後半，在新宿附近的爵士茶館。周圍是十人座的桌子，中間置有一個插滿了玫瑰的大花瓶，為的是柔和地隔離有不相識但同桌而坐的客人。這是店主佐藤忠臣先生非刻意卻很用心的對客人的體貼及關照。

菜單是延續開店當時的樣子，款式簡單的茶杯及茶壺，還有最高級品味的紅茶。店的樣子及紅茶的味道，二十年來絲毫不變。

在聽說東京的吉祥寺開了紅茶專門店時，真是令我感到驚訝，因為當時是談到飲茶店就會讓人聯想到咖啡的時代。喜歡紅茶而將其開成紅茶屋的佐藤先生，在吉祥寺的另一個真面目，也是服飾店「老虎媽媽」的老闆。

◆告訴您們專門店的味道

——東京・吉祥寺「紅茶飛行船」 佐藤忠臣

無論如何，我都想喝到好喝的紅茶。

這家店是在二十二年前開始營業。現在在這個吉祥寺的確增加了不少紅茶專門店，但是在開店當時咖啡店才是主流。在當時的時代裡，在普通家庭中，日東紅茶的茶包被認爲才是紅茶，而大吉嶺茶、烏巴茶、祁門茶等世界三大銘茶卻尙不爲人知。我原本就是紅茶的愛好者，所以到茶館喝茶時我只是想喝杯像在自己家中沖泡的熱騰騰又濃厚好喝的紅茶，但這在當時卻相當的不容易，都喝不到好茶。

於是我突發奇想，心想：既然沒有好喝的紅茶店，那就自己開吧！

在東京的紅茶專門店應該只有二、三間吧！唯有我這家店是自開店以來一直都沒有放置咖啡，唯有放置紅茶的紅茶專門店。

開店初期，也經常會有客人詢及我們是否有賣咖啡，但是在我持續不斷地告訴客人「我們這家是紅茶店」的同時，漸漸地客人也接納了我的說詞。在當時，我的心態是儘快擴充愛好紅茶者的享受空間。

那時候我大約是三十歲左右，完全沒有資金，也被周圍的人反對。但是我卻很有氣魄，我從來沒害怕過什麼，因爲我早已有了失敗再重新來過的決心。或許那個時代在吉祥寺的街道也有那種氣勢。每當遇見朋友便告訴他們，我在尋找店面，終於透過朋友的協助我找到了店面。

這家店是在地下室，應該說是適合開酒吧的場所，而並不適合開紅茶店吧！但是在當時，這條街上充滿了吸引這些從事爵士、古典音樂、電影及戲劇和作畫的這群人的店。在如此有趣的地區，我眞的很想開間紅茶店。

到了開始籌備開店時才是眞的辛苦。雖然自懂事以來我每天都在喝紅茶，而且本身也很偏愛紅茶，但是當我一旦要販賣紅茶，才知道原來需要記住的事情竟然像山那麼多。

在大阪的堂島有一間稱爲「姆其卡」的批發商，那裡的茶館在日本是第一家開店的茶屋。我想經營紅茶店的基本知識——到底該採購多少種類的紅茶才好、沖泡紅茶的方式及茶具的事情，都在那裡學到了。

但是，我心想既然要在這個自己從小就生活的吉祥寺開店，便希望能夠親自找到適合這個鎮上而味道又好價格又恰當的紅茶。我也曾經到「新宿高野」及大阪的「偉大的角」等名店，將喝了覺得好喝的紅茶罐帶回家，從商標上尋找批發商。

曾經有一次，朋友爲我直接從印度進口紅茶，但是那卻不是我店內使用得完的量。紅茶放置過久味道會變質，無法讓客人品嘗。而且紅茶就像活的生物一樣，也會被生產當年的氣候左右它的味道，就連今年好喝的阿薩姆茶，都沒人能確保明年會一樣好喝。所以，從那次之後我就開始試喝試供品的紅茶，然後中國紅茶在這裡、錫蘭紅茶在這邊、印度紅茶在那裡，就這樣開始固定能夠供應我適當的量的批發商。

店裡除了販賣紅茶之外，還販賣在英國喝午茶時最受歡迎的黃瓜三明治及十種不算太甜的蛋糕等。我總覺得甜味會使紅茶失去原味，所以蛋糕是請朋友做的。而這個朋友是開店時就在一起的搭擋，我們一起做許多構思，慢慢地，適合紅茶味道的菜單就出來了。

配合著紅茶的味道，重複了多次錯誤的嘗試，終於慢慢地嘗試出並決定了紅茶飛行船的味道。自始不變的只有在姆其卡購買的紅茶壺，每當壺壞了我都會到姆其卡購回補充。

幼兒時代的紅茶味道

我母親的娘家在大阪的北新地是開飯店旅館，女主人代表店的門面，是女人掌握一切的世界，所以在當時掌握實權的人是我奶奶。爺爺是個無業遊民，每天到處遊來晃去，而最後竟跑到美國去了。在大正時代，一般平民能遠赴重洋是非常稀有的。問我他去做什麼，現在我也實在無法想像。但就因爲這個爺爺待過的家，所以雖說是飯店旅館卻充滿了西洋風味。媽媽更是繼承了爺爺的風格。父親是從事生線投資業者，也就是處理戰爭中製作特工隊所配戴的白色圍巾的絲綢。

說實話，我最喜歡的是白飯，但是我母親卻最愛好紅茶，每天早餐時一定會端出麥片粥及紅茶。到五歲爲止，我一直都是住在蘆屋，直到快上小學時才搬到吉祥寺，搬來之後，每天依舊持續著同樣的早餐，而父親更是經常在工作後帶著蛋糕回家，姐姐、哥哥、我及兩個妹妹經常邊搶蛋糕邊喝紅茶。早上的紅茶、晚上的蛋糕及紅茶，那是我們家族一家團圓的回憶吧！

那時家裡喝的紅茶好像是日東紅茶，紫色的錫箔袋裝，直接沖泡茶葉。只不過戰後幾年就換成茶袋裝吧？也是昭和二十年代的事情了。但是麥片粥及紅茶的早餐卻留給我非常深刻的印象，我想也因此長大成人後我喜愛紅茶勝過咖啡。

我最喜愛的紅茶是阿薩姆茶

我個人是較爲喜愛阿薩姆茶，因爲我認爲紅茶

阿薩姆　Assam Tea

中奶茶是唯一最好喝的茶，而最適合泡奶茶的茶葉是阿薩姆，而且是在秋季被收割的茶葉最好。總之，被沖泡成奶茶時的芳香及味道，那對我而言才是眞正的紅茶。

在茶館點奶茶喝，會附帶鮮奶精吧！那種的不行，因爲會有油脂的臭味。奶精的奶一定要用牛奶，而且含乳脂肪三．七前後的牛奶，頂多加溫到與人的肌膚體溫相同爲最恰當吧！

◆紅茶飛行船派．好喝紅茶的沖泡方式

＊首先，沖泡紅茶嚴禁用提取放置過的水及冷開水。早晨頭一件事，就是打開水龍頭的水讓水流一陣子。爐子燒著壺內放滿剛提取來的水，這就是沖泡紅茶最好的水，是新鮮且含有空氣的自來水。

＊將沸騰的水注入茶壺內，溫瓶。在那期間將水壺再度加熱。用持續沸騰二、三分鐘的水去沖泡紅茶是最好的，所以後序準備須迅速也是重點之一。

＊等茶壺熱了就將茶壺內的水倒掉，用茶湯匙計量茶葉的份量，一人份就是兩茶匙。「一・為・我、一・為・茶壺」有此種說法，也就是衡量茶葉的方法是人數份外加一茶匙是基本常識。到底是滿滿一茶匙或中茶匙才恰當是視茶葉等級而定，我個人是偏愛滿滿一茶匙。

＊掀開茶壺蓋，將沸騰的熱水很有氣勢地倒入茶壺中，茶杯二杯半左右是一個人份，一倒入熱開水茶葉就會飛躍（是指茶葉在茶壺內旋轉的景象）。一倒入熱開水我就加蓋，事實上我倒也沒見過茶葉在茶壺內旋轉的景象。

＊事實上茶葉在茶壺內旋轉所需的時間也就是悶茶的時間，也正是引發出美味的奧秘之處。等其平靜之後再輕輕地攪拌一下，倒入溫好的茶杯裡。

＊奶茶的牛奶應該先放入奶精瓶，放進開水裡煮。過熱會有奶臭味，所以千萬記得與人的肌膚同溫最為恰當。另將牛奶從冷藏室拿出來恢復到常溫，也不需再加熱。

用茶壺沖泡出來的第一杯紅茶，是爲了享受香味。悶的時間依紅茶等級多少有各別差異，但是我認爲可以早些時間喝。紅茶店爲了決定紅茶的香味及味道，所以必須有一定的時間，但是如果是自己泡茶喝，倒是可以以自己的喜好爲優先。您可以嘗試看看各種不同種類的紅茶及沖泡方式，以瞭解自己的喜好。

第二杯，便能瞭解紅茶原來的顏色及味道，因味道較濃可品嘗到濃厚恰到好處的奶茶，而這時奶精的量當然隨自己喜好來添加。

第三杯，這大約倒不滿茶杯的三分之一，但必須連最後一滴都倒出。這最後一滴茶有人稱「最佳紅茶糖」或「黃金紅茶糖」，雖有些苦澀但有紅茶所有的味道，有其獨特之處，非常好喝！

我最喜歡在這最後一杯紅茶，加上多量奶精來喝，是最好喝的。不喜歡奶精的人，用熱開水沖泡亦可。

用茶壺泡的紅茶，可以享受三種不同風格的紅茶。千萬千萬別因爲味道較濃，而在中途將熱開水加入茶壺裡。

這些應該是非常簡單的吧！眞的不需要想得太複雜。茶具方面我也並未特別講究，要讓茶葉飛躍得好，據說圓型茶壺較好。不過我認爲，洋梨型的茶壺也沒有問題。但是像我最近經常看到的「咖啡抽出器」透明茶壺是細長型，既不便紅茶飛躍且壓著紅茶以至於產生不需要的東西。而且玻璃較易散熱，我認爲是無法沖泡出好喝的紅茶的。

又，沖泡日本茶通常會用鐵瓶燒開水，但這並不適用於沖泡紅茶。

該喝那種茶葉？該如何喝呢？

十年前我到印度大吉嶺探訪茶園及茶商時，曾經喝過非常好喝的紅茶。試喝的紅茶帶著清澄而類似水果的香味，眞可說是玫瑰香葡萄酒風味。就像是剛摘的新鮮葡萄且發酵的程度非常地絕妙，眞是無法再度品嘗的絕品。

想沖泡出美味紅茶的方式雖簡單，卻無法一括品嘗出紅茶所有的美味。因爲非但紅茶的種類是多種多樣，連香味、澀味及濃淡等味道都有所不同。到底喜歡那一種、究竟該用什麼方式喝才好喝，希望您能多嘗試看看。

首先告訴各位中國系及印度的阿薩姆系，此二者連茶葉的大小都完全不同，以阿薩姆系的茶葉較大。以水色（沖泡後的顏色）來作爲大略區分的話，印度紅茶偏紅、中國產偏黑、錫蘭（斯里蘭卡）產偏黃。而祁門紅茶雖是中國紅茶，但顏色是紅色中帶黑色，烏巴茶是錫蘭茶顏色偏紅。

然後才以茶葉的收穫時期來區分，那年第一次摘的茶葉，在日本茶中被稱新茶的就是一號茶，而在夏季被收穫的茶又稱爲二號茶，其他之後被收穫的茶則被稱爲秋茶，各有其獨特風味。

就像大吉嶺茶，是喜馬拉亞山脈大吉嶺地方所產的紅茶。沖泡濃厚時顏色依舊是淡淡的，是適合品嘗香味的茶。二號茶中被特別指定爲好喝的，是帶有玫瑰葡萄香味的茶，亦被稱爲香檳紅茶。在這個地方，早晚都有霧從谷底上升，種植在斜坡的茶葉被霧所覆蓋。據說因此霧的作用，茶葉會有特有的香味，也是茶葉最好銷售的時期，我剛才所說「幻影的紅茶」就是這個。

還有製成成品時因茶葉的形狀也能有所區分，但並非指好茶、普通茶等之等級區分，而是以茶葉的尺寸及形狀區分。茶葉會因茶樹的種類及部位而葉片有不同的大小及厚度，隨著紅茶各別不同的特徵及紅茶的用途而被區分使用。

分類爲沒剪茶葉的全葉茶、剪掉茶葉的碎茶、細的粉茶、粉劑等三種。全葉茶有上香（茶）、香紅茶（又稱白毫茶）兩種。有人以爲上香（茶），是有橙香味的紅茶，但其實這只是葉茶的等級之一，偏大的茶葉被捻搓成細長的形狀，我想這是充分活用它特有的香味及味道的方式之一吧！大吉嶺茶大部分是屬於這個典型的茶。

茶葉因大小及捻搓方式，茶的成份在熱湯中溶解的速度會有所不同，不過能因等級看出茶葉泡出時間。籠統地說，葉較大的茶沖泡時間稍長，細葉沖泡時間可稍短。不過就算葉片較大，使用中有時茶葉亦會粉碎，有時罐底會積滿茶粉。各種不同大小的葉子混在一起麻煩時，我家會用篩子來過濾茶粉後再使用。

我經常被詢問，哪些是適合早茶的紅茶呢？哪些是適合午茶的紅茶呢？因個人喜好之不同，因身體狀況喜好也會有所改變，所以我很難斷定某一種特定的茶是適合早

茶或午茶。在英國早茶是用混合茶，午茶則偏好用葛雷伯爵的黑茶，而我個人的喜好則是從早到晚都喝阿薩姆奶茶。……不過若以茶水的顏色選擇的話，早茶我選擇錫蘭紅茶會勝過中國紅茶，因茶水色較清爽，較適合清晨飲用。但是若不喜歡味道較濃的烏巴茶，可喝味道較柔和的紐拉雅茶。

我認為紅茶的品種及味道的多樣化，與細膩的葡萄酒有雷同之處，不同的是不會像存放葡萄酒般的存放紅茶。中國的普洱茶好像有此作風，但基本上卻無「幾年產的紅茶」之說。雖有人將紅茶保存在冷凍庫裡，但是我認為最好的方式是購買少量的紅茶，儘快喝完再買較好。再說詳細些，罐裝的茶會附有罐味，最好換成瓶裝再放置於低溫處較好。

紅茶撼動歷史的時代

當我想要開紅茶屋時，我讀了很多關於紅茶的書。就像在學校上過的歷史課般，在東印度公司及波士頓茶會事件中主角便是紅茶，所以紅茶有撼動歷史的驚人之處。

台北英國茶館

我最喜好這類故事，覺得有趣而在研究中讓我發現了紅茶飛行船。

在紅茶貿易自由化漸進的十九世紀初期，當時美國貿易業者爲了快速大量購入大有名氣的新茶，因而鑄造了大型的紅茶搬運用快速帆船，這艘帆船便是紅茶飛行船。

在十八世紀從中國到倫敦需花費半年的時間，但自從有了紅茶飛行船，航海日數縮短到只需九十天左右便能抵達。也許帆船夥伴間也有了競爭吧！不久英國的帆船也加入了行列，英美間的紅茶飛行船競爭也就開始了。據瞭解，當時倫敦的紅茶業者發布了，只要任何船能以最快速度將當年新茶運達將發給獎金，也可說像帆船競賽吧！

據說有一年的競賽讓全英國都為之瘋狂，兩艘船經過劇烈競爭，其中一艘只相差十分鐘而已，結果大家預料會勇奪冠軍的船卻因為起貨耽誤而讓另一艘船轉敗為勝，但兩對卻平分了獎金來慶祝勝利，而有了完美的大結局，我愛好和平更愛這種感覺，也因此將店名取為「紅茶飛行船」。

一直刮著風的空間裡

在紅茶飛行船的菜單裡，紅茶種類幾乎沒有變，從那時起就有英國的混合茶、印度、錫蘭、中國等各自具有代表性的紅茶及香味茶。

開店初期，客人也不像現在這樣有紅茶知識，所以有不少充滿好奇心的客人會每天特意來店裡按日將店裡所有的紅茶，照順序從頭喝到尾。

從那時至今已有二十二年，紅茶在人們心中可說是根深柢固。現在有不少人懂得

茶的簡介

● **錫蘭茶**

烏巴茶——優雅的苦澀味；亮紅色的紅茶
努瓦拉埃利亞茶——最清淡好喝的紅茶
丁布拉茶——稍微濃厚圓滑可口的紅茶
糖果茶——清淡爽口稍有苦澀味的紅茶

● **印度茶**

大吉嶺茶——適合行家飲用的芳醇香味及澀味的紅茶
阿薩姆茶——印度茶的根源；濃厚的紅茶
奈爾吉里茶——柔順爽口的紅茶

● **中國茶**

祁門茶——有「煙香」紅茶之稱
茉莉茶（香片）——茉莉花香的紅茶
荔枝茶——水果荔枝香味的紅茶
玫瑰工夫茶——濱茄子（一種野玫瑰）花香的紅茶
葛雷伯爵茶——香檸檬油香味的紅茶

● **特殊茶**

白蘭地茶（11月～）

● **傑克遜茶**

上香茶／倫敦德里茶

● **香料（味）茶**

肉桂茶／薑茶／印度茶

● **其他特別茶**

果醬茶／奶茶／可可亞

● **冰紅茶**

冰紅茶／冰葛雷伯爵茶／義大利紅酒茶／冰薄荷茶

輕鬆愉快地品嘗紅茶，也知道紅茶的美味。來店裡的常客有的也會敏銳地問我：「今天的烏巴茶味道怎麼不一樣？」而嚇我一跳呢！的確如同客人所察覺到的，因爲葉子味道會有微妙的不同，大包散裝茶起初跟最後也會有所變化。

現在我依舊跟以前的客人有來往，有時學生時代經常來喝茶的客人突然來訪、有的客人有了小孩帶著小孩來訪、也有些從事染色工作來向我索取茶渣、甚至有二十年來每週持續來喝相同紅茶的客人。開著紅茶店，與這些客人的交往，是比任何事情都令人感到愉快的。

在英國有早茶及午茶時間，在當時，家家戶戶都有女佣及被稱執事的人在時，早晨能在床上喝熱奶茶，那種習慣我相信應該不至於能延續到現在，但是既熱又好喝的紅茶卻延續在英國。能有喝茶的時間是非常好的，能有與人溝通的時間，更能讓人感到生活過得既充裕又富足。

能讓人感到空間及時間的流逝是充實的。我的朋友在廣尾開了一家義大利料理店，稱爲李斯特藍天·啦·比斯波察（音譯），當您進門的瞬間便有義大利人的服務生，會用義大利文向您問好，會被那種開放且開朗的氣氛所包圍。

我的店希望有一天，能從地下室搬到有燦爛陽光照耀，有清爽的風能吹過樹及花的場所。雖然可能無法像英國的茶庭園那麼舒適，但至少能在有庭院的地方享受四季，並端出好喝的紅茶給客人。

紅茶飛行船

東京都武藏野市吉祥寺本一—八—一四　六鳴館大樓地下一樓

☎〇四二二—二二—一一五六

營業時間　一一時三〇分～二三時（星期一休息）

JR中央線吉祥寺車站下車　從北口走路五分鐘

藥草茶

取材自約100年前的德國家庭醫學書
《作為家庭醫生的女性》

有一天，德國友人寄來一堆藥草茶。

裡面詳細寫著高血壓該喝槲寄生茶、預防感冒該喝茴香茶、寒症的人該喝接骨木之果實（elderberry）茶。其中最令我感到高興的是，任何時候都可以喝的混合茶，它的名稱是「家茶」，這是非常好喝的混合茶。

另外有別的朋友從巴黎寫信來，信中提及「今年的新茶非常好喝」，信中的新茶就是指菩提樹的茶。

*

而藥草茶又是什麼呢？

根據藥草圖鑑記載「說它是木本性植物，還不如說它是草本性植物較為恰當，附著有小種子的植物」。再續讀下去還記載有「富有芳香、擁有幫助維持健康的特性、指廣範圍的植物。除了多年生草本植物外，樹木、一年草本植物、羊齒類、生苔、海藻、菌類……」都是藥草類。

世界的藥草知識都已被記錄成為書籍，其中有記載著中國傳說中的人物，更有冠有神農之名的藥草書《神農本草經》一書。自從古代羅馬帝國以來，也有不少古典名著迷惑了許多讀者。大普林尼的《博物誌》彙總被稱為「醫學之父」的古代希臘醫師希波克拉底之說的書刊中，亦將四百種藥草與治療法記載在一起。超越時空，非提起不可的當然是莎士比亞的戲曲，之中登場了許多以藥草製成的安眠藥及魅藥。

藥草有些當藥使用有效，有些因使用方法也能成為毒藥，我相信有些甚至能讓人產生幻覺。住在森林深處，調配著藥草的景象似乎能浮現在眼前。

從古代開始長年累月，藥草被使用於藥、芳香劑、香油、料理的調味等。此外還有茶，在日本的茶室所喝的洋甘菊茶、薄荷茶等，都與原本應被飲用的方式不同。我經常會突然感到有所疑問，那就是關於歐洲的藥草茶，可能有許多特點是我們並未瞭解的。

＊

根據有旺盛的好奇心及洞察力的主人，也就是送德國藥草茶的森惠小姐

所說，在德國及奧地利的人民有「山野是神明的醫藥箱」的傳說。「藥草沒有人類依舊可以生存，而人類確卻必須與藥草一起才能活下去，平時只要與神明的醫藥箱好好相處，就能保持身心健康」。擦破皮的手腳塗抹上蕁麻的葉子汁，疲憊的腳浸泡在七葉樹的果實湯中，洋甘菊的花能做濕布及漱口，能做酒及醋，亦能煮湯及做沙拉，藥草茶也是其中之一。

藥草茶是在那個國家、那個土地、那個家庭所留傳下來，能夠在廚房一旁飲用的「為了我自己的茶」。將世界中植物給我們的恩惠做成藥及茶，每當想到有喜愛及偏好藥草茶的人，我就會覺得很愉快。

下面把這篇富有生活實感的藥草茶的內容寫給我們的是，住在德國南部的大學都市蒂賓根的森惠小姐。

◆山野是神明的藥箱

——德國・蒂賓根市　森惠小姐

崎子小姐寄來了一張附有照片的明信片，內容寫著「聖誕節預定與女兒在家裡度過，之後到過年爲止都將在北義大利的南蒂羅爾地方度過」。

「在照片中山頂的岩石就像連冰雪都無法將其堆積一般，夕陽照著岩石的表面閃爍著玫瑰色」崎子小姐明信片上寫著，這種玫瑰色澤眞的就像一不小心就會在霎那間被抹滅掉一般，瞬間的玫瑰色，在那旁邊有一間用薄木片做成尖屋頂且有鐘樓的簡樸教堂被雪半掩蓋著。

想打電話向崎子小姐道謝，謝謝她寄附有照片的明信片給我，但是考慮到悠哉的義大利郵局，從郵戳到收到這張附有照片的明信片到我手上，花費了整整兩個禮拜的時間，我想她應該早就回到柏林的家裡過著平常的生活吧！

「眞是太棒了！從山頂上眺望的景緻眞是太優美了。應該用車把雪橇也運過去玩，在那裡玩得又跌又撞。從柏林到南蒂羅爾是很遠的，可能是自己太不注意，竟然感冒了。」

「也因爲那個感冒，使我想再度回到半山腰的那個小村莊。」

「因爲身體實在太不舒服，有一天早上我向下榻的旅館老闆娘詢問，可否要杯類似每個家庭都可能在自家廚房備有的茶，例如茴香茶或洋甘菊茶。」

崎子小姐下榻的是差不多有十間客房的小旅館，老闆德蘭倍多拉先生原本從事木匠工作，且他能吹奏自己所做的樂器法國號，是他與太太一起經營這家旅館。客房的床及衣櫥都是德蘭倍多拉先生親手製作，而餐飲方面則由德蘭倍多拉夫人負責。料理雖說不上有何特別，可說是鄉下的家庭料理，但卻十分好吃，據說還有專程從義大利及德國來的常客。

「如果是爲了治感冒，我這裡有菩提樹花的茶。」說完後，德蘭倍多拉夫人像是想起了什麼似地問我：「如果您不嫌棄的話，想不想試試我泡的茶？」口氣就像是母親在向剛成人的女兒確認意見般。

「嗯！那當然了，我很高興能喝到您所沖泡的茶。」之後只見德蘭倍多拉夫人往地下室走去。

德蘭倍多拉夫人的感冒藥

據崎子小姐說德蘭倍多拉夫人是一位給人印象看似不太好相處的人，沒必要的事她絕不多開口，而且不太有笑容。長得瘦瘦的，有著細長的臉，說她是旅館的老闆娘，還不如說她較像是站在學校教壇上那種典型的人。甚至連問「想不想試試我泡的茶？」時的口氣，都令人感到有威嚴感，她眞是一位有魅力的人。

不久，德蘭倍多拉夫人爲我端至餐桌上的是，用熱毛巾包裹住的熱騰騰的茶壺。當我握住茶壺的把手時，令我意料不到的重量，讓我感到這茶似乎與眾不同，而且在茶壺裡似乎有什麼東西在沸騰。倒入茶杯的茶有一股濃厚的香味，含在口中有一股苦澀感。當我將那既熱且苦澀的茶，置於咽喉一段時間再緩緩嚥下時，這可說是藥草茶治療法。眞的非常舒服，那時我心想這一定有效。

茶壺裡面放的究竟是什麼？我一直都感到很好奇，當我打開茶壺蓋一看，裡面充滿了有手掌般大的葉子及拳頭般大的花，心想原來如此，難怪那麼重。

「當我用湯匙將這些一個個取出來置於盤中時，裡面有完好的繁縷（chickweed）花的長葉子、金盞花的黃色花瓣也是完好的一片片，而白色的花是西洋鋸草，裡面大概有六、七種的藥草。與到處都有販賣切得細碎，搞不清楚是什麼花什麼葉子的茶截然不同，是一種豪邁的茶。」

心想不愧是崎子小姐，竟然將茶壺裡面的東西倒置盤中檢查，雖覺好笑，內心卻有一股想立刻衝往南蒂羅爾的衝動。

「德蘭倍多拉夫人還給了我另外一樣東西，妳也知道的，那就是towhee葉子的濃縮液，她說加到茶裡或舔著都對喉嚨很好，她稱那爲『towhee的蜂蜜』，但我覺得它不像蜂蜜那樣黏膩，而給人爽快的感覺，像麥芽糖顏色的東西。據說她是將採下towhee的嫩葉熬好後，放置一個晚上，再取出葉子放入砂糖慢慢熬煮而成。」

哦！這讓我想起的就是經常能在德國森林看到的針葉樹。大概是在去年的六月初，我跟健行的好夥伴瑪魯卡莉德兩人在森林散步時，發現在濃濃綠葉排列著的towhee針葉的前端再前端，剛長出柔嫩翠綠的新葉，當我說那看起來好像很好吃，好想吃吃看時，瑪魯格雷德告訴我「那可做成糖漿」，可代替蜂蜜加入茶裡，也可以塗在麵包上食用。那時我們約定好，明年早一些時期來摘取嫩葉做糖漿。我想德蘭倍多拉夫人的蜂蜜一定與那相差不多。

崎子小姐又繼續述說著。

「我感動地舔著糖漿，並讚不絕口地說好吃，她竟送我一瓶糖漿當禮物。想付她錢，她也堅持不肯接受。」

「之後，我才知道她會有嚴肅的表情並令人感到不易接近的理由是，德蘭倍多拉夫人有一個身體有重度障礙的兒子，一直養育到二十九歲，最近才剛剛去世。想想她的人生有如此歷練，也難怪她會給人有不易親近的感覺。想想我所喝的茶裡面也含有那樣一個女人的人生。」

可用洋甘菊茶做局部三溫暖

「德蘭倍多拉夫人泡茶的茶葉，並不是種在庭院或田地裡，而是摘取生長在爬滿石南，陡峭的山壁邊的花草去曬乾的。我相信那是忠實地遵照著在那個地方古老傳說的配方而做的吧！」崎子小姐如此述說著。

走在稀疏的針樅原野的德蘭倍多拉夫人及她的母親、祖母、還有幾個女人的身影似乎都浮現在我腦海。那一定是恰好的，被排入家務日曆裡的工作，並且對孩童而言必定是在夏季時的一種期待吧！我相信在德蘭倍拉夫人的地下室裡，有的不僅僅是茶葉，一定還塞滿了許許多多既好喝且對身體好的東西。有一天我一定要到南蒂羅爾去看看。

啊！不過在那之前我得先問問摩莉卡對我的計畫有沒有興趣？自小就在祖母身邊學習製做聖誕節用花環（冠）的她，不知何時起這工作竟成爲她的正業。她爲了材料而在自己的田地裡種植了各式各樣的花，甚至於因材料不充足而拿著花剪到原野逛來

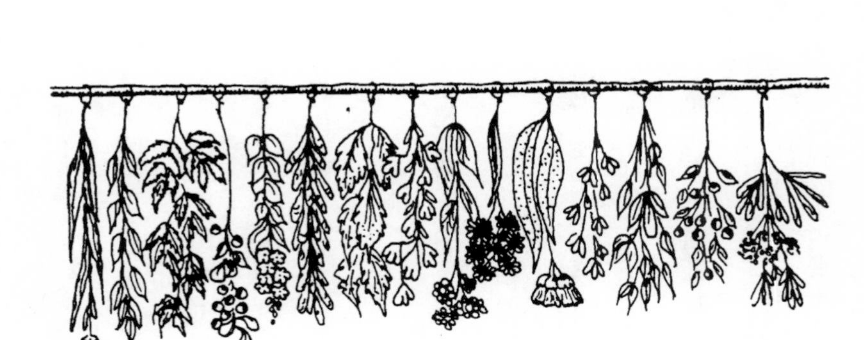

繞去。她住的地方離我住的城鎮開車約三十分鐘，靠河川旁的小村莊。

「是啊！因爲現在無論在任何地方，到處都是汽車廢氣，而且是充滿農藥的社會。我以前也會在附近的原野採一些花草曬乾泡茶，但是現在只是偶爾在自家的田地採些蜂花及西洋鋸草泡茶喝喝。我想在南蒂羅爾的山中，應該還可以採到無藥害的新鮮藥草吧！」

所以摩莉卡只喝在藥局或自然食品店購買標有「在無農藥及殺蟲劑的田地栽種」的藥草所沖泡的茶。

在她廚房的櫃子裡，並排著各式各樣的茶罐。喉嚨痛時喝鼠尾草茶、疲倦時喝苦艾草茶、咳嗽時將西洋櫻草茶及款冬（coltsfoot）加蜂蜜分別喝、平常吃飯時更需將野玫瑰的種子及艾菊的葉子泡茶喝才有效。

當感冒鼻塞或流鼻水時，就用洋甘菊做蒸氣浴。抓一把洋甘菊花的茶葉，放置沙拉碗內倒入熱開水。爲了不讓蒸氣跑掉，從脖子上面到沙拉碗用大毛巾好好裹住，慢慢用深呼吸將熱湯蒸氣一次又一次吸入，直至熱湯變涼爲止。

在德國，這個部分三溫暖的呼吸器，是家庭療法中最爲普及的方法之一，我也是來德國後的次年冬天，經過房東太太介紹，現在只要感冒都用這個方法治療。

將臉靠近茶色濃稠的洋甘菊湯上，一下子就汗流滿面，汗水會滴入湯中。會感到頰骨附近有一股難以忍受的熱氣，再加上裹著毛巾一動不動的樣子，從旁觀者的眼中看來，實在是令人感到慘不忍睹，但實在是很舒服。之後，再飛躍入溫暖的床。噢！不！也有人說應在那之前先一口氣喝下自製李子或櫻桃的杜松子香味的烈酒（酒精濃度較高的蒸餾酒），待醒來之後，鼻子跟頭都會感到既輕鬆又舒服。

「對呀！只要買一袋洋甘菊的茶葉，能做貼傷口的濕布使用，胃痛時又能喝。西洋櫻花草也不單能止咳，頭痛或失眠喝了也有效。那種黃色的花以前到處都是，是農藥使用過度才會那樣，現在已成為保護植物，不可隨便摘採。」

摩莉卡用些許沙啞的聲音，就像在唱歌般敘述著德國的森林及原野的各式各樣故事。

這個茶完全涵蓋了我的故鄉

瑪魯卡莉德也一樣，直到她十六歲離家出遠門住進遙遠北邊的城鎮——漢堡的護士學校宿舍為止，她的孩童時代幾乎都是自己一個人在森林中度過。而她跟我經常會邀約到森林裡，在裡面漫無目的走上好幾個小時。只要跟她在一起，不管日落或下雨都沒什麼好怕。在森林中她擁有著無論任何小徵兆，都不會讓它逃脫的眼睛及耳朵。「妳看！妳看！」經常我的眼睛會隨著她的聲音，望向我的腳邊或頭的上方。「看得到嗎？附著在那株樅樹頂點的東西，妳應該可以看得出來那不是樅樹的樹枝，也不是鳥巢。那是聖誕節妳家中客廳頂棚也會懸掛著的槲寄生草。它寄生在其他樹上，自己卻一直都是綠色。妳不認爲它是很奇怪的樹嗎？但自古以來卻一直被使用爲醫治羊癲瘋或頭痛，甚至於有醫生使用於治療癌症。」

「這叫什麼妳知道嗎？葉子在根莖的地方合在一起、縮成一團，就像是肩上披著披肩一般，所以叫做『女人的披肩』。爲何是女人的披肩呢？因爲這個茶對生理痛及更年期障礙很有效。當朝露掉落在這個葉上，就會有像珍珠般的水滴在葉上滾來滾去，所以又稱爲『水滴的披肩』。」

有一天瑪魯卡莉德打開一個小罐的蓋子，放到我的面前告訴我：「妳看，這是我母親的遺物。」裡面灰綠色的東西是茶。藥草茶放置太久會失去藥效，一般都會在一年內喝完。但她說：「管他的！已經有好幾年，我只要偶爾想到就會泡一杯來喝喝。」

「啊！裡面有蕁麻草。」

「也有鼠尾草。」

「好像也有茴香草的味道？」

邊喝這個茶，對我所列舉出來的植物名，瑪魯卡莉德都只是「嗯」、「嗯」地點著頭。

「究竟有什麼不在裡面呢？」

「哈！哈！哈！」她笑著說：「因為這個茶完全涵蓋了我的故鄉，我母親說一直

黃草莓，取材自十一世紀藥草的書。

喝同樣的東西反而對身體不好，喝一點各式各樣不同種類的東西才好。所以我母親必定會採集三十幾種的藥草，製做成平常所喝的茶。庭院裡的金盞花及接骨木之果實花、麝香草、黃草莓及木梅（山莓）的葉子、原野的洋甘菊及西洋櫻花草的花、西洋鋸草、田裡及森林裡的杉菜（筆頭菜）、款冬、小連翹（hypericum）……還有什麼呢？反正在身邊唾手可得的都在裡面。」

所以我的內心裡便烙下「家庭茶」、「家庭藥局」這兩句德語的單詞。

「藥草魔女」的處方箋——從花粉症到糖尿病

給我的「藥草魔女」們這些話，如果想像到中世紀魔女審判的歷史，我想連現在我們都無法輕鬆的使用這些話。我經常會叮嚀地說，我只是在開玩笑，因爲我一直都是如此稱呼著摩莉卡及瑪魯卡莉德，她們不僅僅擁有野草及草菇的知識，就連被跳蚤咬到該如何處理、該如何撲滅稻田裡的蛞蝓、如何才能將復活節的蛋染得漂亮、塗抹灰泥的方式等，知識淵博得毫無道理。

而她們兩人又有一位前輩級的奧地利女性叫瑪利亞・德雷培。她母親的房東是兩位近代藥草學專家歐巴斯基安・可那伊普神父（一八二一～一八九七）、約翰・肯茲雷神父（一八五七～一九四五），而她被熱烈信奉兩位神父的母親所撫養。看著、聽著周圍的藥草魔女們，輕易地將被醫生放棄的病人用藥草茶治療好，自己竟然也在不知不覺中成爲藥草專家。

瑪魯卡莉德說「在鄉下家裡通常有這樣一本書」，她爲我從壁櫃裡翻出德雷培夫人的著作《神明的藥局的健康法》（*Maria Treben : Gesundheit aus der Apotheke Gottes*），一百多頁，封面畫著蒲公英及鼠尾草，讓人有古老感。據說這本書在一九八〇年代初期，賣出兩百萬部以上而成爲大暢銷書。

那裡面寫有她平常使用三十三種植物的藥效，個別的採集方式及濃縮物的製造方法，茶及濕布、坐浴

等的處方，膽結石及糖尿病等病狀及食欲不振、便秘、花粉症、打嗝等處理方法。簡直是一讀起來就無法停止，甚至想搖搖身邊朋友的肩膀告訴她們，「這裡面還寫有這些事呢！」想讀給她們聽。

「五十歲爲了禿頭而煩惱的女性，建議她用蕁麻的葉跟根煎成湯汁洗頭，幾週後竟長出茂密的毛髮，可以再度過著不需假髮的人生！」

「得了肺癌的男性，建議他早晚喝西洋鋸草，咬菖蒲的根，半年後他不僅恢復了體重而且還能登山！」

就這樣讀著這本書，萬能的秘藥也登場了。德雷培夫人年輕時患了斑疹傷寒，衰弱得無法站立及坐著時，有一位未曾謀面的女人，將有強烈味道的濃茶色液體送到我的枕邊，然後說：「我就是因這藥得救的。」從那次以後，夫人就像要確認那液體的功效一般，自己也開始製做那液體並且救助了許多生病及受傷的人。

將蘆薈與番瀉樹的葉子、大黃樹的根等十一種植物浸泡在穀物酒或水果酒裡，向日放置兩個星期。這個處方是瑞典一位有名的醫師，一百零四歲在騎馬事故中死亡後，於他所寫的東西中發現，因此這個處方又被稱為「瑞典藥草」或「瑞典苦東西」。

據說對任何病症都有效，有一個十二歲的少年喪失鬥志，跟不上學校課業，眼下有很深的黑眼圈。每天喝兩茶匙那個與兩杯蕁麻茶，一個半月後完全恢復原來的氣色，學校成績也進步迅速而成為班上第一名。高中二年級的女兒聽及此大叫著：「我就是要這個！」並說：「現在就做這帖秘藥給我，那樣的話我也可以……。」

藥草茶在藥房買

掌管神明藥箱的巫女德雷培夫人，將一個個藥草的力量與自己本身及被醫治好的人們的驚奇及歡喜、感謝的心情連綴在一起。病患很輕易就被醫生宣佈「你已經沒有希望了」，但事實上沒有治不好的病。打開神明藥箱的抽屜看看，裝滿了各式各樣顏色的自然的藥，也有這麼多人為慶幸有這些藥而歡喜。在那之前有一位老奶奶因每晚盜汗，而連續不斷地喝了四天鼠尾草茶後，竟完全好了。

「她是一個有經驗知識的人，雖然有很多專家都說那沒有科學根據，而不予以評價。儘管如此，她調配茶的處方的確令人深感興趣。我有幾種就是她那裡給我的。」馬魯丁・湯姆先生說。在我所住的城鎮有一家藥房，稱爲「青色橋的旁邊藥房」，這間藥房的主人他是吹八孔直笛與跳土風舞的名人。假如奧索・威魯斯知道湯姆先生這個人的相貌，他一定會在他的電影裡起用湯姆先生當配角。

我周圍的人告訴我，買藥草茶時最好聽藥房藥劑師的建議。雖然在超市或茶葉舖都有賣，但如同摩莉卡所說，是爲了健康才喝的東西，當然要買標有「在無農藥及殺蟲劑的田地栽種」、手摘、無添加香料等安全的東西。所以，學習Homoopathie療法（與多利用化學藥品的對症療法相對，此種療法是以花費時間改善體質爲基本方法的自然醫學）的湯姆先生藥房裡的茶是非常有名氣的。

壁櫃裡擺著既是營養學者又是自然療法的先驅者——亞魯夫雷德・法凱魯博士——在一九六〇年代所創立瑞士的自然藥品製造業者彼爾伏斯公司的茶，並列的是用從那裡採購來的原材料，湯姆先生自己所調配出來獨創的袋裝混合茶。裡面有家庭

在弗賴堡市內陳列著許多藥草的老舖藥房的陳列窗，您只要要求「我想要這種茶！」，在等待的時間裡他就會為您製做獨創的茶。

站在藥草茶的棚前，藥劑師馬魯丁．湯姆先生說：「喝藥草茶就等於透過藥草將太陽的能源吸收到自己體內。」

茶、兒童茶、孕婦茶、母乳茶、感冒茶、咳嗽茶、支氣管茶、安眠・神經茶、胃茶、膀胱・腎臟茶、淨化血液・新陳代謝茶、心臟・血液循環茶、膽囊・肝臟茶、糖尿病茶，區分用途但卻那麼直接的商品名。

「眾人都說感冒時喝接骨木的果實或菩提樹花的茶，腹瀉時喝洋甘菊的花或黃草莓的葉。有人說若喜好薄荷味，可加入檸檬在早晨當紅茶喝。當然，那樣也可以。」

穿著漿得很好的白衣的湯姆先生，站在不知為何陳列著中國傘的茶棚前為我們說明。

「有人為了去掉體內多餘的水份，增強新陳代謝功能並淨化血液這種特定目的，持續十～十四天喝同一種茶「養生茶」，這也是一種好東西。但是，長期持續喝同一種類的茶，很容易成為某一部分器官的負擔，而產生副作用。平常所飲用為了促進健康的茶，最好是綜合幾種植物的東西較好。因為個別都有調和及互補作用，對身體亦起較溫和功效。什麼跟什麼要多少比例，份量的多寡也是非常重要的。」

例如湯姆先生家的家庭茶，是用菩提樹的花二十克、蜂花的葉、野玫瑰的種子、黃草莓的葉、接骨木的果實、芙蓉的花、茴香的種子各十克調配。將這些放四茶匙到茶壺，並注入一升沸騰的開水，輕快地、充分地攪拌並濾過後倒入茶杯。直接或添加蜂蜜附加甜口味，在早餐或晚餐時飲用，這就是平常的茶。

藥草茶有煎熬或沖泡兩種方式，通常一杯茶是一茶匙左右的量的茶葉，沖泡熱開水悶五至十分鐘爲最恰當。不放砂糖，若喜好甜味可滴幾滴蜂蜜，給兒童飲用更可加入果汁。

能安撫心情使其變得柔順的茶

有同量的蕁麻、女人的披風、西洋鋸草、山莓的葉、蜂花所調配出來是孕婦茶，促進腎臟功能平靜心情的作用，也是爲了待產的人所製的茶。讓孕婦有充足的母乳，連產婆都會推薦的母乳茶是用同量的茴香、大茴香、藏茴香的果實及蕁麻草，每天飲用一至三杯。

據說德國從以前就有讓出生一至二星期的嬰兒喝茴香茶的習慣，因爲非但能幫助消化，且能柔順地安撫嬰兒的心情。

想起幾年前，陪女兒班級前往登山露營充當佣人，每晚接近關燈前，我一定會準備好充足的茴香茶，等待喊著頭痛、腹痛、喉嚨痛一窩蜂衝向廚房的孩子們。我總是把杯子交到孩子們手中告訴他們，只要喝了這個就能夠睡得很舒服，而且明天又能夠很有精力的爬山。而他們總是頻頻皺眉做出誇大的表情叫吵著說，討厭這種茶、這種茶不好喝等，但當他們吃了一片硬脆的餅乾，喝完這杯茶後，孩子們的心情便平靜許多，就像是魔咒的茶。

把茴香種子磨碎，將那汁液塗抹在額頭、太陽穴、胸膛及胃上可治療鬱悶症。於九百年前誕生的聖人彼爾得卡魯多說，茴香有賦予人的靈魂喜悅的能力。

對著吵嚷著魔女、魔女的我，是湯姆先生笑著教導我「在長年的藥草歷史裡，也有聖女的存在」。

從八歲到八十一歲過世爲止，一輩子都在尼姑庵度過的這位女性，據說她有能看見自然界所無法看見的神秘能力。她將自己所看見的東西，告訴秘書職務的僧侶，僧侶再將所聽見的用拉丁語寫成書（雖然是尼姑，但當時是不允許女性學習拉丁語的，但仍有幾本書被遺留下來）。那裡面記載著，如何維持人們身心健康及查出病因的方法、醫食同源的想法、借助絕食與植物及寶石的力量的身心療法。好不容易進入這個世紀，另一個的但確實是最原始的醫學才再被發現。據說在近代醫學及藥學發展的歷史中，一向都被輕蔑爲「那種陳年舊話尼姑的幻覺，就像是說夢話罷了！」

聖人彼爾得卡魯多也提了不少關於絕食的話題，當初春黃色的小連翹花開滿遍野時，到處都可聽見「我們正在絕食中」的聲音，書櫃上也會被擺滿一大排絕食入門的書。雖然也有人爲了遵從基督教復活節慣例而齋戒、減少份量或爲治療病況而絕食，但多數在我周圍的人都是以大清洗身心、洗濯心靈爲目的而當成年中行事在做。

絕食的方法及期間因人而異，好像個別有不同的根據及流派作風。首先需飲用大量的鹽水，甚至於灌腸把腸胃內不乾淨的東西掏空。想到也會有過激的人，兩個禮拜的期間內，除了水之外什麼都不吃，「自己一個人，絕對熬不下去！」如此自我肯定的人，有人選擇參加絕食道場的集體宿舍計畫。在中午僅僅只喝一盤減鹽高麗菜湯，

而將那方法持續一個星期的飲食療法並斷絕甜食，甚至有人斷絕咖啡、紅茶、酒（酒精類）等三種。但是其中最多的方法是，只喝藥草茶、只喝果汁及蜂蜜，或是只吃塗上蔬菜醬的黑麥煎餅等東西。

湯姆先生的藥房也都是在春初或秋初，爲了幫助需要這些茶的客人準備而顯得異常熱鬧。在一邊隨聲附和著每一位客人的同時，湯姆先生會一邊爲每一位客人調配選擇適合他們的茶。他會推薦「想爲自己身心做大清洗的客人，調配蕁麻及西洋櫻草的花、蒲公英的根等，能有淨化血液及促進新陳代謝的茶」。是爲了那些能用相同步伐，處理事業及家庭而度過神聖週末的藥草茶。

如果想在喝茶的時間端出藥草茶呢？

在德國說「招待午茶」，通常是指傍晚四至五點時間的茶。有人說四點是喝咖啡，而五點則是喝紅茶。據說這原先是模仿英國喝五點茶的風俗，所以正式場合招待客人時是用紅茶，自己人或內部聚會時就用咖啡，而較親密友人們聚會時便經常會詢問彼此喝咖啡或紅茶？

在德國餐桌上總是會備有水果餡餅及芝士蛋糕等二、三種甜點，因此，還不如說甜點才是主角。邊說「雖然很好吃，但是我真的吃不下了！」或「那就麻煩切小塊一點給我吧！」，在主人的勸說下卻一片又一片吃著充分灑滿加糖後起泡的奶油蛋糕。那種下午的時間就是德國的喝茶時間。

那裡幾乎沒有藥草茶登場的場面，因爲藥草茶不是可以被端到客廳飲用，而是應該在廚房喝的東西。夏天還不如冬天喝，應該是自己一個人穿著睡衣上面披件毛線衣，脖子再繫條絲巾，表情不悅的坐在餐桌旁喝的東西。甚至有人說：「對呀！應該說那是織著毛衣的老太婆身旁的飲料。」

假如要端出藥草茶，肯定需收拾餐桌上的砂糖壺及奶精罐——雖然偶爾會有人喜好在薄荷茶裡加入奶精——同時蛋糕給人的口感也會有所不同。像在德國的點心舖所販賣的那種大型且色彩花俏鮮艷的蛋糕，無論是視覺或味覺都不適合藥草茶。適合的是連聖人彼爾得卡魯多都推薦，用不加砂糖的Dinkel（小麥的一種）及蕎麥粉燒烤而成口感柔順的蛋糕，或自然食品店所販賣的蛋糕。再變換一下餐桌上的花及蠟燭還有餐具，或許餐桌的整體氣氛會因此變得較甜美些吧！

爲何我會這樣說呢？因爲碰巧我的女士朋友們三人中大約會有一人，會在喝茶時間端出藥草茶。而在她們的餐桌上，會鋪有乾乾淨淨棉紗做成的檯布。上面擺飾著整理歸納好的小盆原野花，同時蜜蠟蠟燭的香味洋溢在屋內。客人也會自備拖鞋或爲了邊喝茶能邊做事，而帶些放有手工材料的籃子前來。但是，她們的作風在現在的德國卻是少數派的。

詢問了三個人中另外的二個人，她們的友人聚會狀況如何。

「客人來時，通常不端出藥草茶嗎？」

「不端！」所有人口碑一致，是五十歲到六十歲的女人們的意見。

「若端的話，也是客人顯得相當累，或身體看來非常不舒服時才端。」

「或者是，晚餐後有人表示喝了咖啡或紅茶會睡不著時，或許會推薦客人喝薄荷或洋甘菊茶吧！」

「那樣的話，還不如教大家再多喝一瓶紅葡萄酒不是更好？」小羽說著，「對呀！對呀！」其他人贊同著。

「我母親認爲自己是鎮上的人，所以不喝也不做藥草茶那種東西。她就是那種個性的人，所以我連在家裡都沒喝過。」

聽雅瑞菈那麼說，可蘿莉亞嘲弄她說道：「原來如此，妳跟阿斯匹林是朋友啊！」

正當大家笑出來那時，小羽若無其事說著：「但是我每年唯獨會做蕁麻茶，我想大概是戰爭的後遺症吧！那時候沒有任何飲料，談到茶也只有蕁麻茶那樣的東西。當時採取蕁麻草曾是小孩們的工作。所以至今，還偶爾會不知覺地戴著手套出門散步。」

令人感到意外的是，走在電腦產業尖端的數學學者的她，雖類似於那些在德國多國籍企業裡工作的人們，但她是一位生活感覺及生活形態相似於紐約及東京等地的高階級人種，但又與普通的德國人有些許不同。又像是假內行又不像是假內行，幾乎接

近其一。就像是從法國的香檳與義大利的紅葡萄酒，跳躍過紅茶及藥草茶，而直奔中國茶及日本茶。

此時的她正戴著手套，因爲只要稍微碰到葉片，就痛得無法忍受，所以總是小心謹愼地走訪探尋著蕁麻草。她正是站在魔女與聖女世界的邊緣。

也有鳳梨口味的煎茶

這個時候我們也是在她的客廳喝著煎茶，小羽家的喝茶時間固定喝著用降溫到恰好七十度的開水沖泡的煎茶或莖茶，偶爾也會有熱騰騰的晚茶，但不會有蛋糕。

這數年來，在德國也有盛行喝日本茶的潮流，也有喜好新潮的咖啡館把煎茶加入菜單中。在城鎭的茶館更是出乎意料之外，賣出日本人喝茶的感覺所無法想像的茶。有香草口味、草莓口味、檸檬口味等，就像在賣冰淇淋一般。各式各樣的口味與添加了過於甜的香味的煎茶，配上例如剖腹自殺、藝妓、富士山、力士等名稱，價格也是高於藥草茶的二、三倍。

「煎茶含有充分的維他命C，不但對身體好又可防癌。但是有許多客人反應，直接喝的話實在是太苦太難喝了！」店裡的人如此辯解著。「也不錯啊！就類似水果茶嘛！」我說著。水果茶是以木槿植物的花與野玫瑰的根爲基準，再將橘子及檸檬皮、蘋果及鳳梨、木瓜、香蕉、杏等乾燥水果剁碎，另加入肉桂、丁香、香草等香辛料混合而成的茶。城鎭茶館的櫃子裡也排列著那些茶，被敷衍似的稍微做了調配及組合，並被取名爲暖爐之火、心情愉快、青鬍子船長、夏之夢、晚安等商品名。

想到那些原料的組合，把它當成茶來喝似乎有些不合適，有些讓我會有「喝了沒問題嗎？」的感覺，所以一直以來我沒喝過，也很討厭那種茶。但是據說在年輕一代，都把那些茶當成維他命C茶在喝，而外國人更是把那些茶當成「買德國禮品非此莫屬！」地受大眾歡迎。對我而言，我反而覺得那有點假，讓我不能接受，但是那種酸甜的味道及清淡涼爽的香味，美麗且透明清澈。可以說那是果汁，而果汁喝了總比咖啡及紅茶來得健康及好喝。我想鳳梨口味的煎茶，也一定與那些茶一樣吧！絕不是「荒唐、令人難以接受的東西」，它肯定是被當成添加了遙遠異國情調且有東洋口味的維他命C茶而飲用。就把那當成是被稱有五千年藥草歷史的一種變化吧！

神明的藥草箱，祂的胸懷是多麼深奧及廣泛。談到「喝花草茶就等於透過花草將太陽的能源吸收到自己體內」的湯姆先生，調配特別美味且芳香迷人的茶給我。邊舔著自家製的towhee糖漿，有一天我也要清洗自己的生命。

這個時候，喝這種茶

平常的藥草茶

三個德國人中會有一人在還沒有必要看醫生，但卻覺得身體有些不適，想調節體質的時候，喝藥草茶或滴幾滴放在茶色小瓶裡的藥草濃縮液到喉嚨。什麼時候該喝什麼，從那些藥草中舉幾個例子供大家參考——

感冒時

接骨木的果實／菩提樹的花（需避免長期服用）／洋甘菊的花／金盞花的花／薄荷的花／野玫瑰的種子

咳嗽、喉嚨及支氣管發炎時

款冬的花與葉／車前草的葉子／大茴香的種子／鼠尾草的葉子／西洋櫻草的花／百里香（麝香草）／洋甘菊的花

發燒的時候

繡線菊類植物的花、葉／菩提樹的花（需避免長期服用）／矢車菊／接骨木的果實

生理痛

女人的披肩（需依照醫師指示使用）／西洋鋸草／小連翹

有更年期障礙的人（有頭痛、多汗、頭昏眼花、暈眩等狀況）

女人的披肩（需依照醫師指示使用）／纈草屬植物的根／蜂花的葉子／薄荷的葉子／小連翹（對特別有強烈憂鬱感的人）／鼠尾草（尤其針對多汗症的人）

飲食過量、想調整腸胃時

茴香的種子（有些人會有過敏反應，需注意）／苦艾的葉子／薰衣草的花／蜂花的葉子／薄荷的葉子／西洋鋸草／洋甘菊的花／鼠尾草的葉子／矢車菊／麝香草

喪失食慾時

蒲公英的根、葉、莖／矢車菊／苦艾的葉子／Kouryoukyou的根／西洋鋸草／蛇麻草的花托

腹瀉時

黃草莓的葉子／plantage lanceolata的葉子／小連翹

便秘時

薄荷的葉子／香菜的種子／西洋鋸草

早晨開始想要過充滿精力的一天

野玫瑰的種子／迷迭香的葉子（懷孕的

人要避免服用）

希望能夠心情舒暢、安穩熟睡時

蜂花的葉子／纈草屬植物的根／小連翹／薰衣草的花／薄荷的葉子／蛇麻草的花托／西洋櫻草的花

＊未指定使用花或葉子的東西，就是使用該植物整體。

基於那裡面所包含的成份，藥草能廣泛地運用到身體各部位及減輕症狀。又從這裡能瞭解到對同樣器官及症狀而言，亦適用各式各樣的花草。

小連翹歸小連翹喝、鼠尾草歸鼠尾草喝的狀況也有，但一般說來，都是喝幾種種類調配在一起的東西。之中亦有需要醫生指示才能喝，或必須注意容易引起副作用的東西。

關於德國的藥草或藥草茶的書中，記載於生病時首先應與醫生商量該飲用何種茶，當成協助治療的東西來飲用。在那個歐洲的背景裡，延續有以藥草治療病人的民間療法，所以大多數的醫生精通藥草。總之喝藥草茶並不是爲了治療病情的對症療法，而是爲了調和身心全體的健康，慢慢地挽回原有的良好體質。

*參考資料

Möhring, Wolfgang：Heiltees, Rezepte für die Gesundheit. Südwest Verlag, 1998

Pahlow, Manfred：Das große Buch der Heilpfanzen. Gräfe und Unzer Verlag, 1996

Quinche, Robert：Heilpflanzen. Die Kräfte der Natur. Seehamer Verlag, 1997

Rudert, Michael + Meyer, Wolfgang：Mit Pflanzen Heilen. Rowohlt Taschenbuch Verlag, 1995

中國茶

①
②
③
④
⑤
⑥
⑦

茶樹是非常充滿生命力的樹。

傳說燒完田地後，首先發芽的會是茶樹。據說就算只是在大樹陰影下的小樹枝，其實它的根依舊是牢固的，無論幾十年都能勉強存活下去，絕不會乾枯。甚至於在岩石上都能成長，又少有病蟲害，的確是了不起的樹。

如果是這樣充滿能源（精力）的樹，那麼人類當然會迅速地著眼於這樣的樹。不用說開端當然是在中國。

古代中國，起源於雲南的茶樹的茶。從藥用開始，終於席捲世界成為大眾的愛好品。雖說由於土地關係葉子形狀多少有些不同，但一株茶樹總可以生產出好幾千種茶葉，能有好幾千種芳香及味道，真是令人佩服。

究竟在茶的何處蘊藏有如此之多的芳香及味道呢？雖然人類能夠製做出各式各樣的製茶方法，一樣令人敬佩，但是怎麼說都無法形容茶樹的厲害，像這樣的樹沒有其他的例子。

*

中國茶以魅力的茶在我們的面前登場以來，大約有十年之久。話雖如此，一般可說是以烏龍茶、普洱茶較為普遍且占極大部分吧！不過，那大多數是被裝成罐裝或塑膠瓶裝，並被當成清涼飲料飲用。可是這個觀念卻是個大錯誤！因為據說在中國是不喝冷茶的，最常被飲用的是龍井茶等綠茶。又，即便是相同的烏龍茶及普洱茶，它那可多變的調配方式，也經常令人感到驚訝！

品嘗的方式確實也是多采多姿，傾斜著耳朵聽著鳥鳴在露天的茶館喝茶、在草原及山岳地所品嘗茶壺裡的茶、在長距離列車裡服務生端出來用茶袋充泡的茶、在香港與點心一起品嘗的茶等等，真不愧是茶的發源國。

當您踏入被稱為有數百種種類令人迷惑的中國茶的世界時，您就無法回頭了，那種深奧的感覺就如同步入魔界般。

＊

工藤佳治先生真的就是親自打開那扇門的人。或許可說是茶樹向他招手，請他進入那個世界的吧！超越了興趣的領域，這終於成為他的事業。以中國茶館為中心的企劃被企業化後已步入第三年，他真是一位與眾不同的商人。

神谷的辦公樓中，在人類文藝復興中心公司的中國茶館裡品嘗的烏龍茶，會有一種將人引誘入夢中的力量。

爲了品嘗一杯最上等的好茶

——中國茶館講師　工藤佳治

這個中國茶館經常有男女老幼、各式各樣的人來訪。有人說忘不了在中國所喝茉莉花茶的味道，或想知道如何挑選才能夠買到好喝的烏龍茶等。

也經常被來訪中國茶館的客人問及：「一般都推薦剛開始喝茶的客人喝哪種茶呢？」最適合介紹給剛開始喝茶的人喝的茶，當然是被大眾認同爲好喝的茶了。但是，茶是個人的愛好品，所以自己所喜歡的茶未必別人也會喜歡。中國茶有幾百種，味道、芳香也形形色色，所以也才有自己尋找發掘，自己喜好的茶的樂趣。總之，先從讓自己擁有興趣開始最好吧！

開始時是塑膠瓶的鐵觀音或烏龍茶也可以。假若感到好喝，務必到茶館購買茶葉試試。假如那是「金的烏龍茶」的話，請尋找被當成原料使用、茶名爲「黃金桂」的烏龍茶。就算找不到黃金桂，相信亦可以發現接近那個種類的茶吧！也可學習到，同樣是福建省有產武夷岩茶、也有被稱爲鐵羅漢的茶等知識，當然首要條件是需先嘗試購買。

若喜好普洱茶，可以先找尋比以前所喝的東西還好喝的茶葉，從這方向著手。喜愛紅茶的人，首先最好是選擇號稱中國茶代表的祁門茶開始，而且需選擇好東西。

與我剛開始購飲中國茶的時候不同，現在茶館增加了，品種也多了。不需到橫濱的中華街，在附近就能購買到茶葉。有機會前往中國、香港及台灣的各位，不妨前往茶館走走，試喝看看店家的推薦品或自己有興趣的茶。先如此學習品嘗、購買，慢慢地就能增廣視野。

我自己本身也並不是從以前就喜好喝茶，或成長於日常生活中喜愛喝茶的家庭裡。

我所就讀的高中是間剛成立的男校，校風還算自由。學校裡認識了一些較與眾不同的朋友，大家都在想著創造一些學校裡沒有的社團。於是大家考慮成立茶道俱樂

部，打破「提到茶道便想到女人」的傳統觀念。

做了許多嘗試，漸漸地感到乏味，失去了初時的樂趣、好奇。現在回想起來，當時真是笨大頭。後來當我在研讀歷史書中，漸漸地產生疑惑。例如寫在茶道使用的小扇子上的利休百首歌中。其中一段寫著：「該知道茶藝應只是單純的燒開水、泡茶、喝下去就好」等。但實際上泡茶的手法，是級數越高道具就越增多，並不是「單純的將開水煮沸」如此簡單，我感覺應該是有所不同的。就這樣，開始上班後我就放棄了茶道。從那之後過了三十年，事實上原來茶的世界是更加深奧的，並且令人感到愉快的東西。

初識——「普洱茶」

初次接觸到廣泛中國茶世界的一角是在我三十二、三歲時的事情。首先我感動於地下鐵自動扶梯的速度，街上亦充滿了熱力及能量，令人感到好像只要在那裡就能變得熱力四射，從那時開始我喜愛上香港。在當時我的目的唯有「吃」這件事。在香港四天三夜，我的目標是三餐都吃不同的中國菜。當時我就像要一次將一年份的中國菜吃完並儲存起來般地勁頭十足。在用餐時每次出現的便是普洱茶，從此我便喜歡上普洱茶。

菊花普洱

當時想買，但是我實在是不懂普洱茶，因爲不論是在普通家庭或是在高級餐廳都喝得到。在茶館可看到被壓定成扁平形狀的茶葉。有些價格非常昂貴，有些便宜的一百克只需幾十元，價格眞是天壤之別。因此，我選擇了中資百貨公司裡售茶處展示櫃中存貨最少的一種。從香港人對飲食方面講究的心態去揣測，大家會一致去購買的肯定會是好東西吧！價格是中上程度左右，對那時的我來說，已經非常能夠滿足我的口感了。

從那之後幾十年，我一直都認定只有普洱茶才是眞正的中國茶，只要有機會到香港我總是會買普洱茶，甚至可以說我一年四季都在喝普洱茶。

事實上，因爲現在自己在研究中國茶，才知道以前也曾經遇到過幾種中國茶系的茶。在馬來西亞的避暑勝地（金馬倫高原，Cameron Highland）第一次喝的紅茶就是其一。

從吉隆坡坐火車往北有一個叫做怡保的城鎮，從那裡再開車走山路約一個鐘頭，突然出現一個盆地，是一個高原盆地，那個場所有一個小小的高爾夫球場及幾棟旅館、別墅等。早晚蓋著霧但又會悄悄地放晴，是適合栽種茶葉的地方。

我特別中意在那裡四、五天中所喝的紅茶。因爲是在新加坡的BOH公司於金馬倫高原持有的農園中種植的，所以也叫Boh-tea。是馬來西亞紅茶的主流，在當地連超市都有販賣，但因產量較少所以日本並未進口。

這種紅茶，無論泡在茶壺裡多久都不會變苦，對懶惰的我而言是非常方便的茶。所以不用加奶精、砂糖，或者只加奶精喝也非常美味，現在想想那眞的是非常接近中國的紅茶。

待會兒我會向各位說明，高發酵度的全發酵（紅茶）及後發酵（普洱茶）的茶，也就是我與中國茶的相遇。

踏入中國茶世界的第一步——龍井茶・高山烏龍茶

只知道普洱茶的我，會對中國茶突然開竅的起因是由於一間位在青山，我經常光顧的料理店。菜餚非常好吃，但因價格過於昂貴，所以我便和朋友於中午前往進餐時，特別拜託餐廳以蔬菜爲主，價格算便宜一點。雖沒附帶酒，卻不知哪裡陰錯陽差地附送茶給我們。那就是中國的綠茶——龍井茶。經理在那時教導了我們許多知識。

當時我也聽得很認眞，才知道原來有如此多種的茶。

例如，長年存放在樹下的普洱茶……。就綠茶來說，有些近似日本茶，也有擁有不同味道、芳香的茶。還說，保存的方式也一樣必須冷凍。現在我知道如果那麼做，反而是反效果。但在當時，茶與料理的味道搭配恰好，所以我也就完全感動於那異樣的教導。

但是，若沒那番話，我想我也就不會踏入中國茶的世界吧！直至那時止，我都一直認爲唯有普洱茶是中國茶。聽到價格非常昂貴的茶、高級的茶較好等許多建議，終於在這次發現了這麼好喝的茶。

就這樣，從下次去香港時，開始了我的茶館之旅；那是個廣闊且令人難以瞭解的世界。排在架上的幾乎都是我不認識的茶。有些一進店內就端茶出來，有些可以要求試喝。喝到的茶其實都很昂貴，不過就是因爲好喝，便買了昂貴的茶才走出茶館，後來才發覺那是商人賺錢的手法。

爲了找到自己想喝的茶，我開始研讀書籍。首先決定先知道茶的種類及名稱。剛好在

我身邊有人早我一步沉迷於中國茶，總是積極不斷地推薦我該看哪些書。

起初讀的是保育社的彩色書籍《中國茶的世界》，一位國立民族學博物館裡的周達生先生所寫的書，是一本可隨身攜帶，便於閱讀的書。

一開始學習茶葉知識，這次反而成立有趣的聯絡網。我會爲教導我的人，帶茶葉禮盒回來。沒想到，對方卻會將從別處拿到的茶分給我。我也開始如此分茶給愛茶人士。起初只是二、三個人，之後，人與人之間開始分享，夾鏈袋（保鮮密封袋）也變成了必需品。

剛開始尋求道具，也是錯誤百出。在香港的餐廳都是用壺（熱水瓶）泡茶，但茶館卻是用小茶壺。起初總找不到合適的，就算有也都是動輒幾萬元。於是我開始考慮用其他東西取代。就在那時，碰巧發現一個不錯的醬油瓶，而茶杯的代用品則是喝咖啡用的小咖啡杯。不單大小合適，也很好用，眞是最恰當的代用品。

令我眞正愛上中國茶的關鍵是高山烏龍茶，那是由妻子的友人從台灣出差回來時帶回來的禮品。

那時候，友人告知我那是臺灣的冬茶。試喝之下，感覺眞是太棒了！於是我開始尋找這種茶。但是所研讀的書中，卻沒有冬茶這種名稱。也曾猜測台灣的地圖上有冬山這座山，或許是在這裡生產採集的吧！或到設店在横濱中華街的台灣大茶莊「天仁茗茶」的分店去尋找。

「請問您知道冬茶嗎？」

「……不知道，沒那種茶。」

到處碰壁後才知道，冬茶意味著冬天摘採的茶。

當時在台灣，是冬茶剛開始盛行的時期，賣得非常好，幾近缺貨狀況。所以茶館的人也許認爲我該知道那是烏龍茶的一種，所以並未對我多加說明吧！

大約在那一年前，在華僑的經營評論家介紹下，認識了台灣出版社的年輕董事長，在當時收到的禮物就是高山烏龍茶。

當時在日本凍頂烏龍茶也有一定的知名度，但提起高山烏龍茶卻沒有人知道。起初我也是向著普洱茶一邊倒，所以好久都沒再理會那罐茶。忽然想起那罐茶，拿出來試喝時，還眞的是嚇了一跳！茶竟是如此好喝，芳香更是特別。

就在那時候，恰巧那位經營評論家要去台灣，所以懇求他爲我帶茶葉回來，可是他回來時卻非常生氣。「眞是太麻煩了，那地方好難找。」他說，「那個茶館一進去，像公寓的一個房間裡，勉勉強強排列著類似茶罐的東西，說是茶館我還能理解，但裡面聚集了好幾個類似文人，那不是一間普通的茶館。」他又說。

立刻籠罩著神秘的色彩吧！「何時何日才能有茶葉，請屆時再來信詢問。」店裡的人說道。據說是因爲生產與需求相差過於懸殊而不夠販賣。

而那裡的主人就是我現在最要好的茶館的朋友之一。後來才知道他也是一流的茶壺鑑定家。

對一樣東西變成喜歡，是有一些偶然及機緣使然。例如收集到各式各樣的情報、收到的禮物，或周圍有詳細瞭解的人。機遇吻合時，就會碰上吧！我想一個人會投入於一件事情，該是這樣的狀況吧！

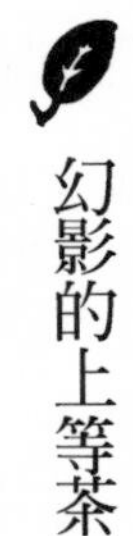

幻影的上等茶

那個茶館的主人，以自己三十至四十年的飲茶經驗，製作出初次改變自己人生觀的上等好茶，但因爲是實驗性質的東西，會不會再做就不得而知。

我們公司拜託日本某農業顧問，給予我們公司技術性指導。產地在台灣，製作方法是將肥料及水控制在最小限度裡，而且必須能引發出植物最大極限的原始生命力。

一般而言，高山烏龍茶的茶葉是被捻搓成圓形的，而這個茶葉是從一個芽與兩片葉子下，剪下「一芯二葉」型的茶葉，不捻搓讓其乾燥，完完全全地將台灣茶葉的特色遺留下來。那也是有它特別意義，據茶館主人說那個日本顧問所指導的便是自然孕育茶樹。所以順應大自然的規章去製造茶葉，便可以做出日本顧問所說的有效運用茶樹的精神吧！因此我便想按照宋朝文獻裡所記載的方式去製茶，但並不單是孕育茶樹的方式不同而已。

喝時可以感覺到整個人好輕鬆、好幸福、好舒服，和在一起喝茶的人似乎不說話

也能感受到對方的那般暢然。眞可說是最好的茶。

茶館主人爲那個茶取名爲禪茶，就像是在禪寺吧！似乎整體感覺又能擴大般，就像禪學能涵蓋擁有所有東西的宇宙觀般。

就像自己親手製作的茶般，這個茶改變了我以往對茶的概念。還不如說這才是原來的茶，現在的茶都是爲了配合消費者的喜好、提高生產量等種種情況而改變茶原有的風味，當然在那之中也有好茶，但是一但喝了這個禪茶，便會覺得這才是眞正的好茶。

跟現在的茶哪裡不同呢？第一點是「喝下的口感」，很順喉，然後全身感到一陣酥麻感，眞像是運動飲料。以往經常聽說的「潤喉」就是這種感覺吧！

在那種清淡、高雅中，卻又能清楚感覺到它的清香。幾個人同時喝茶時，喝茶前的喧嘩都不知跑往哪裡去，變得沉寂。但並不是因爲掃興無聊才如此，而是有一種類似能心靈溝通的一體感。

眞是不可思議的茶，我認爲總有一天像這樣的茶會被重新評估、生產，然後流通到市面上。那個時代肯定會到來。

爲何同樣是茶樹孕育出來的茶葉，日本卻無法生產中國茶呢？那是有許多外在因素，理論上雖然能種也有在種，但是卻無法栽種出同品質、同味道、同芳香的好茶。

中國茶從綠茶到黑茶大略可分爲六大種類，在三百多種上等茶中有六、七成的比例是綠茶。每一種綠茶的味道都不同。那味道的多樣化，是日本茶所無法比較的。爲何會產生那種差別，我請教了指導我們栽培樹的老師。

「水果也是因產地不同而味道不一樣，就像和歌山與靜岡的橘子味道也是不同的，就跟那個道理一樣呀！」

例如生長在福建省北側到處是岩石的地方種植的茶葉，與生長在普通泥土裡的茶葉，味道是極端不同的。葡萄酒也是一樣，因孕育葡萄的土地是否含鈣而嚴重影響味道。田地不同嘛！

以上是基本條件，再加上加工技術的不同，味道的變化更是多。

關於加工技術，我以綠茶爲例。綠茶是不需發酵葉子就能做成的無發酵茶。用

「發酵」解釋怕引起誤解，所以我把它以「酸化」代用解釋。雖說同樣是綠茶，中國茶與日本茶最大的差別，便是停止發酵的方法。

日本幾乎都是蒸過再加熱，茶葉從摘採瞬間便開始發酵，也就是開始酸化，所以用熱度破壞酸化酵素，使其不再酸化。那個方法，不管是宇治茶或靜岡茶都無太大差異。只有嬉野的鍋炒茶是例外，製法較近中國茶，味道也有些許不同。

中國是用炒茶葉的方式停止發酵。實際上仔細觀察，雖直說沒有使其發酵，但現實上可見將茶葉日曬、放置於室內些許時候。

此外，與日本茶相比，中國茶在加工上動了各式各樣的腦筋。而這個處理好像有炒過的味道，而且會令人感到有類似的輕微芳香。那是微乎其微的程度，只能在意識下才能感覺得到。當知道製作方法後，更加能夠發覺那微妙的味道。

六種中國茶

中國茶有各式各樣的區分方式，由顏色來區分是最容易瞭解的方法。

隨著發酵度可區分爲綠茶、白茶、黃茶、青茶、紅茶、黑茶等六種。其他如茉莉茶等的調味茶爲花茶。傳說是陰陽五行中所有的顏色，和其他種種說法等，並不清楚哪個是正確的。現在讓我簡單的說明一下發酵度吧！

首先是綠茶，這如以前所提及是無發酵的東西。而白茶是發酵一點點的弱發酵茶，比這再多一點工序的是黃茶，以分類而言是屬於進入後發酵階段的茶。青茶則是指不要過度發酵的東西，與完全發酵的東西總稱爲半發酵茶。紅茶爲完全發酵的全發酵茶。黑茶爲後發酵茶。這是給予茶葉充分的水分及溫度，如字面所寫讓其發酵，某種的霉會使味道變得更可口。

白茶與黃茶在日本幾乎無人熟識，可能我們在日常也少有機會接觸這兩種茶吧！

顏色分類有另一個好處，那就是能以其衡量開水溫度的大致標準。

在當地從綠茶到黑茶爲止，全部都用沸騰至一百度的開水沖泡。有些書上記載，某些部分的綠茶用微溫的溫度沖泡較好，但這是例外。

不過對日本人而言，以一百度的開水沖泡出來的茶，有許多品種都令人感到不好

種類	發酵度	芳香	具代表性的茶
綠茶	無	草、豆	龍井茶、碧螺春
白茶	弱	水果	白毫銀針、壽眉、白牡丹
黃茶	弱／後	水果	君山銀針、霍山黃芽
青茶	半	花、草、水果、種子、樹、藥、乳類	烏龍茶、武夷岩茶、鐵觀音、凍頂烏龍茶、文山包種茶、高山烏龍茶
紅茶	全	水果	祁門紅茶、滇紅
黑茶	後	藥、樹	普洱茶、雲南沱茶、六堡茶
花茶			茉莉茶、玫瑰紅茶、荔枝紅茶

喝。就如同用同樣溫度泡的煎茶與粗茶味道並不好。綠茶的文化在日本是根深柢固的，所以嗜好與中國有些不同，我們並非刻意去比較沖泡煎茶的開水爲何需比粗茶的開水溫度來得低？玉露茶又爲何需更低溫的水來沖泡？但是，從我們的歷史或者體驗裡，我們可以知道在哪個狀態下是最恰當好喝的。爲了喝到好茶，也就不得不在沖泡方面下工夫了。

台灣發酵度低的烏龍茶或許因爲較接近綠茶的緣故，以較低溫度的沖泡方式較受日本人接受及喜好。所以，我也會沖泡整體較甘甜的茶給自中國來的客人。但是對他們而言，他們不能理解這麼好的茶，爲何用這種方式泡呢！

畢竟還是品嘗方式不同，不同點在於把什麼當成嗜好中的重點。不過，當然沒有一致的必要，也不需強迫自己去配合。

不單是文化，也因人而異。就算是同一人漸漸喜歡喝茶，喝茶次數增多後也有可能會變成喜好喝較濃的茶。會漸漸有所改變的。

另外，基本上日本的茶葉是越新鮮越好喝。但是，中國茶似乎並不全是那樣。黑茶的代表——普洱茶是越久越成熟且味道更好。也有與高等級葡萄酒一樣有四十年、五十年骨董價値的普洱茶。現今最古老的普洱茶據說是在一九二八年製作的，已經有七十年的歷史了（據說在北京的故宮裡竟然有一百年的東西）。

與其相比，綠茶及青茶是注重新鮮度的。因爲越是弱發酵的東西越容易變質，應該說勝敗就只有幾個月的期間。烏龍茶中尤其是發酵越少的味道就越爽口，此茶在台灣特別被珍視。

不過最近有不同的趨向。有一種製作後放置數年的烏龍茶，取名為「陳年烏龍茶」。另一種烏龍茶是在製造過程，用炭產生的熱風使茶葉乾燥，而那個芳香經過時間的流逝會釀造出獨特的味道。

中國人對味道的探求心，眞是令人敬佩。

「重香味型」與「重口感型」

這個中國茶館，曾奉給許多客人品嘗過中國茶。其中發現對日本人而言，喜好「重口感型」的人比喜好「重香味型」的人多。經常被說日本是注重湯汁文化的。與甜味並不相同，我認爲畢竟還是口感重要。

而泡茶，用溫開水沖泡最容易產生那種甘甜味，但卻會抑制香味。所以想沖泡出味道芳香的茶，用一百度熱開水沖泡是最簡單的，只是用一百度熱開水沖泡，就只能沖泡出芳香，而甘甜味卻需過一會兒才會出現。將發酵度低的中國綠茶及白茶、黃茶等用一百度熱開水沖泡的話，會先冒出青澀香味，而之中有許多是日本人所無法飲用的。

只不過，也並不是任何茶用溫開水沖泡便能引發它的甜味。關於發酵度較高或煎焙過的茶，溫度的高低，都不會有太大的改變。所以像全發酵的紅茶及後發酵的黑茶，都可用一百度的熱開水沖泡。而無發酵的綠茶，爲了能感覺它甘甜味的部分，首先用六十度到六十五度左右的開水沖泡是較沒問題的吧！半發酵的青茶幅度很大，味道從近似綠茶，到以烘焙促進發酵的某種鐵觀音般的味道都有。所以，如何配合那茶葉的狀態去沖泡，是喝好茶的竅門。而且茶葉的狀態是會隨著當天的濕氣與其他的條件而有所不同，每一次都會有新的嘗試。

最重要的是必須在熱水溫度與放置時間的組合上下功夫。例如希望提升現在所喝的茶香，就可將溫度大幅度提高縮短放置時間，或稍微提高溫度放置時間相同。用這樣的組合嘗試幾次看看。沖泡四次中，至少有一次喝起來會感到好喝。

中國茶是泡小壺喝小杯，可沖泡多次。不像日本茶只適合沖泡一、二次，勝負亦

在那之中並結束。所以泡中國茶，如果第一泡感到不好喝，最好倒掉。

也有人認定「所有中國茶的第一泡應該倒掉」，基本上我是採取不倒掉主義。若我會倒掉只有兩種場合，一個是茶葉不乾淨時，另一個是茶葉捻搓太強時，就類似台灣的高山烏龍茶，茶葉要泡開需要時間。茶葉是在被沖泡開時產生味道及芳香，首先用熱開水給予刺激就較易掌握使其好喝的程度。

雖說如此，沖泡中國茶並沒有一定的方式。別一直用固定的沖泡方式而該漸漸改變沖泡方式，那也是有效利用中國茶的特性。

對了！據說最近在日本也增加了許多重視香味的人，在喜好紅茶的夥伴間也有人喜歡像有消毒水味般的正山小種紅茶。或許是人們對香味的容許範圍放寬了吧！莫如說也有人是被那種味道吸引而進入中國茶的世界，連茶道及芳香療法都受到矚目。

此後假若重香味型的人繼續增加，只要與當地沖泡方式相同，我想能讓人好好享受中國茶的時代應該很快就會到來。

工夫茶又是什麼？

談到中國茶，可能會有人聯想到用小茶壺沖泡，倒入小茶杯喝的工夫茶（又稱功夫茶），但事實上並不全部都是那樣。青茶是較爲適合用工夫茶的道具去沖泡，也就是指烏龍茶及鐵觀音等。這些茶是以福建省及台灣爲主要產地，在那裡我們可以經常看見泡茶時用工夫茶的茶具。

但是在香港幾乎都是用茶壺在泡茶，而在中國的其他地區所用的是類似玻璃杯及馬克杯的東西，或者是附有碗蓋的蓋杯。在杯裡面放入茶葉，直接沖泡熱開水大口大口地喝。

而我們是因爲較習慣於塑膠瓶，或罐裝的烏龍茶及鐵觀音，所以容易誤認爲青茶是代表中國茶。但其實在中國文化圈裡，綠茶絕對是占絕大部分。我曾聽說其中約有80%的人是喝綠茶。中國的綠茶若使用在工夫茶中的爐具（用高溫燒出來的器具）的茶壺泡茶，芳香會變弱，變得不好喝。我想是因爲如此才不使用工夫茶的道具泡茶。

【泡工夫茶時使用的茶具】

從下層左邊開始為煮水器、茶壺與茶船（又稱壺承，其功能為承接壺中溢出的茶水）。
從上層左邊開始為茶罐、茶海、茶則、茶挾、茶匙、茶杯、茶巾。

①

②

③

④

⑤

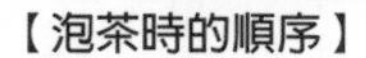

【泡茶時的順序】

* 將煮水器的開水倒入茶壺，再將這水倒到茶海（圖①）。
* 從茶海倒水到茶杯，是為溫杯。
* 在那時用茶則取出茶罐裡的茶葉，移至茶壺（圖②）。
* 再將開水倒入茶壺（圖③），馬上將那茶水倒入茶海。
* 再倒一次開水到茶壺，馬上蓋上茶蓋，從上面澆上剛才倒入茶海的茶水，悶一下（圖④）。
* 放置一會兒，再將茶壺的茶水倒入茶海。
* 將茶杯的水倒入水盂。
* 將茶海的茶水分別倒入各茶杯（圖⑤）。

關於工夫茶的起源詳情並不清楚，據說大概起源於類似以下所舉這些地方吧！

時代回溯到宋朝，請想像在福建省文人們聚集在一起。當時的文人是擅長詩、書加上繪畫。當時或許也有水彩，但基本上使用的是墨。談到墨就想到硯台，還有加水放入硯台的東西，在當時便有稱爲水滴的東西登場。在那之中，有一個東西形狀類似小茶壺。

在那裡面放入茶葉倒入開水，直接從小茶口倒入嘴裡飲用。據說現在也有部分地區沿襲那種喝法，我想應該是以那種方式喝茶，發現別有一番風味才會如此吧！

不過當許多夥伴聚集在一起，沒事閒聊一些無關緊要的事情時，會突然想要喝杯茶。客人說我也想喝一杯時，茶壺太小盛茶的茶具太大也是一件很令人困惑的事情。當時的茶碗雖沒有日本抹茶（綠茶之粉末茶）茶碗那麼大，但也有某種程度的大。在當時他們會想到用什麼喝茶呢？他們肯定是喝酒的，我想像他們一定是隨手拿身邊的酒杯倒茶飲用吧！

動腦筋將身邊現有的茶沖泡得更好喝，那就是工夫茶。前半段是頗爲詳細的傳

說，而後半段則是我私人的創作。

在福建省，現在仍舊可看見許多喝茶的人使用那種方式泡茶，只是我認爲那應該是這近十年才被形式化地稱爲茶藝。

「沉醉於茶」

我曾經於喝過茶之後，有一種沉醉於茶的感覺。與不勝酒力無關，我知道的確有人會爲茶沉醉。眼睛周圍會稍微泛紅，超越了放鬆的感覺就像迷醉了般。

等到感覺這個人開始醉了時，那個人的心情差不多是正好舒適的時刻。與喝醉酒不同的是雖然臉上泛紅，但心情確是平穩的。也有人會眼睛無神像發呆一般，是既有趣又令人感到不可思議的體驗。最近我也漸漸瞭解，哪些茶是有具令人沉醉效果的茶。

反正越是好喝的茶，越易令人沉醉。例如：芳香特濃的茶。沉醉於味道與芳香中，非常幸福的境界，這才是喝茶的趣味。

我最喜愛的茶 我想擁有茶的目錄

＊記號是特別喜好的茶

綠茶

◇獅峰明前龍井（中國浙江省）＊

古時候是獻給皇上飲用的茶，栽種在獅（子）峰的小田地，清明節前（明前）摘取。市場上看不到，在香港附近卻有販賣，眞是令人感到不可思議。眞貨是有甜味、高級感且有豆香。

◇西湖龍井（中國浙江省）＊

比獅峰低一等級的茶，在流通的龍井中是最好的。但是命名基準到現在還不確定，因東西可決定味道的好壞。會增加標示明前、雨前（穀雨前摘取）、雨後等摘取時間。那個時期的東西最好，是因年代而有所變換。

◇東山明前碧螺春（中國江蘇省）＊

與龍井並列爲中國綠茶中另一好茶，摘取於太湖的東洞庭山，摘取它的嫩芽與葉。又具有許多稀疏毛髮是它的特色。

◇黃山毛峰（中國安徽省）

在黃山附近摘採的茶，在中國是很

普遍的茶，不過是銘茶之一。在我們比較難以接受的中國綠茶中，算是喝起來比較順口的茶。

◇太平猴魁（中國安徽省）

安徽省太平縣所產銘茶之一，葉子捻搓細長是它的特色。中國綠茶幾乎都是用沸騰的熱開水沖泡，而這個茶的適溫是八十度左右。

白茶

◇白毫銀針（中國福建省）

白芽部分的茶，古時候就進到歐洲，依舊登場在現在紅茶店的菜單裡。白毫用福建的方言發音類似紅茶PEKOE，據說此紅茶之語源因此而來。注入開水稀疏毛髮會飄出水面，當陽光照射便會閃閃發光。

◇白牡丹（中國福建省）

白毫的部分與接近紅茶般發酵的茶葉所綜合起來的茶。可使用壺沖泡，有輕微的甜味。一向對普洱茶一邊倒的香港餐廳，最近有許多人改喝這種茶。

黃茶

◇君山銀針（中國湖南省）

生產於洞庭湖附近產量稀少，據說市面上販賣多是假貨。若用玻璃壺沖泡，可見茶葉多半變成茶柱，非常有趣。

青茶

◇高山烏龍茶（台灣）＊

現在在台灣凌駕凍頂烏龍茶名氣的茶，有像台灣烏龍茶固有清香的芳香。輕微的甜味特佳，日本人容易接受的茶，顏色是清澈的金黃色。

◇凍頂烏龍茶（台灣）

在數年前是代表台灣的茶，現在好的茶葉依舊好喝，亦被習慣於當禮品。味道、芳香幾乎與高山烏龍茶是同種類。

◇武夷岩茶（中國福建省）

從武夷山岩場長出的茶樹摘取的茶葉，在那之中有各式各樣的種類。喝過之後岩石韻味甘甜的感覺會慢慢湧上來是它的特色，我例舉幾個代表性的茶。

1. 「大紅袍」 以前是專門用於贈與的幻影銘茶，連精通於中國茶的專家也為其叩拜。在四株舊茶樹中收穫量僅僅只有一公斤，市場上所販賣的是從那裡區分出來的。
2. 「白雞冠」 代表岩茶的茶葉之一，任何季節都有，品質保持有一定的水準。
3. 「鐵羅漢」＊ 代表岩茶的茶葉之一，在武夷山研究所品嘗後，這茶對我而言算是岩茶中第一名。隨著年月名次或許會有所變動，但可確定的是它的品質是標準以上。

4.「水金龜」＊ 在同樣品嘗後，算是第二名。每年它的品質都在標準以上。

5.「肉桂」＊ 在岩茶中算是較受大眾歡迎的茶，且較易購入，在同樣品嘗後排列第三名。

◇單欉鳳凰（中國廣東省）＊

葉片較大、捻搓較細、有些許丹寧，好的茶有清爽的水果芳香。

◇安溪鐵觀音（中國福建省）＊

好、壞差別幅度大，好的茶有甜的芳香感覺。比起日本市場上所販賣的鐵觀音煎焙時間較短，顏色說它是茶色還不如說是金黃色。

◇文山包種茶（台灣）＊

以前是代表台灣的茶，這幾年來好喝的已減少許多，但仍有上等好茶。捻搓較細是它的特色，芳香是恰如台灣茶屬於清香系列。

◇馬騮搣（中國福建省）

在香港經常可以看得到。好的茶是眞的非常好喝，但是很容易被勸誘，而買來送禮。味道是鐵觀音系統。

紅茶

◇祁門紅茶（中國安徽省）

從以前便進入歐洲，是代表中國的紅茶。現在在歐洲系統的紅茶店，依舊能看到祁門紅茶被排列在櫥窗。中國紅茶的丹寧含量較少，所以不加奶精及糖。

◇滇紅（中國雲南省）＊

在中國茶史中算是新茶，與印度系統紅茶相同有將葉子裁斷。味道甜美、傳出芳香。

◇正山小種（中國福建省）

從以前就是英國貴族喝午茶時的最愛，至今仍被飲用。用松香燻烤使其芳香附著於上，所以有一點類似消毒藥的味道，但對愛好者而言卻是有致命吸引力。

黑茶

◇普洱茶（中國雲南省）＊

陳年的茶甘甜味更濃，較無霉味。分爲將其壓扁成扁平狀（餅茶——一般是扁平類似餅形的東西）與不固定其形狀的普通茶（散茶），味道無太大差別。寧可說是因存放年度不同，而味道有所差別。

◇六安茶（中國安徽省）＊

置於竹編類似便當盒的盒裡固定形狀的茶，與普洱茶相比較無霉味。這也是年度越久茶就越好。

花茶

◇茉莉龍珠（中國福建省）

茉莉花茶必須是沒有花瓣，才是好的茉莉花茶，有微甜芳香是它的魅力。龍珠是指龍抱在身上的那顆珠子，這種茶葉是小球狀，與珍珠類似。

給想要更詳細瞭解的各位

這個中國茶館以茶協助各位得到風趣、安詳，且爲您們挽回富裕的心靈爲目的，使您們的人際關係更圓滑。今後預定更加擴展服務範圍。

這絕不是我在自豪，在這個茶館喝到的茶都是非常好的茶。我想大概是因爲我們比日本的採購批發商及貿易公司還要積極及大範圍的研究茶並尋求供應商的緣故吧！不過理所當然，越好的茶收穫量越少，以這些茶在貿易或買賣上操作肯定不划算，這是非常現實的問題。

還好在我們周圍有理解我們活動的中國人們，位於中國茶的中心地——浙江省杭州的中國國際茶文化研究會的各位，以及各地與茶有關的各位，由這麼多人形成了廣泛的連結網。

爲了有效的利用這個機動力，我們企劃在一年內收集約一百五十種的茶，嘗試喝中國各地各式各樣的茶。想想在中國各地收集，反而沒有在不受各地區微妙商業策略影響的日本來得容易。

另一方面從日本茶的文化根源，來自中國的意義而言，我們更希望能在日本與中國間，開始以茶爲中心的交流。

而愛好茶的人們有一天一定能夠追尋到《茶經》，也就是「茶的經典」，在中國寫那本書的人——陸羽，被稱爲茶聖。我希望自己能再多學習根源方面的知識。

對中國茶只要稍有一點興趣的各位，歡迎到這個茶館來同樂一番，我們也在爲各位籌劃著各式各樣的活動。目前我們有「中國茶綜合入門」、「中國茶藝入門」、「與茶聖陸羽對談」等多種課程。

詢問地點

人類文藝復興中心股份有限公司（中國茶負責人）
東京都港區虎之門四—三—十三　秀和神谷町大樓一樓
☎〇三—三四三八—〇九三三（平常十點至五點三十分）

中國茶館並不販賣茶葉，特爲有興趣的朋友介紹幾間茶舖。

【東　京】

●**英記茶莊　東京本店**　涉谷區神泉町二—八　☎〇三—三四七六—五六七四

●**藍茶沙龍**　涉谷區涉谷一—六—十　Q公寓四樓　☎〇三—五四六九—一八九七

●**華泰名茶**　港區芝大門二—三—六　大門一〇二　☎〇三—五四七二—六六〇八

●**遊茶**　涉谷區神宮前五—八—五—一〇〇　大樓一樓　☎〇三—五四六四—八〇八八

●**岩茶房**　目黑區下目黑三—五—三　猿谷大樓二樓　☎〇三—三七一四—七四二五

【橫　濱】

●**三希堂**　橫濱市中區山下町八一—一　中華街南門　☎〇四五—六六二—一〇〇一

●**天仁茗茶**　橫濱市中區山下町二三二　☎〇四五—六四一—〇八一八

●**伍福壽新店**　橫濱市中區山下町一九二　☎〇四五—六八一—九九二五

●**綠苑**　橫濱市中區山下町二二〇　☎〇四五—六五一—五六五一

●**悟空　蘇州小路店**　橫濱市中區山下町八一　新光貿易大樓一樓

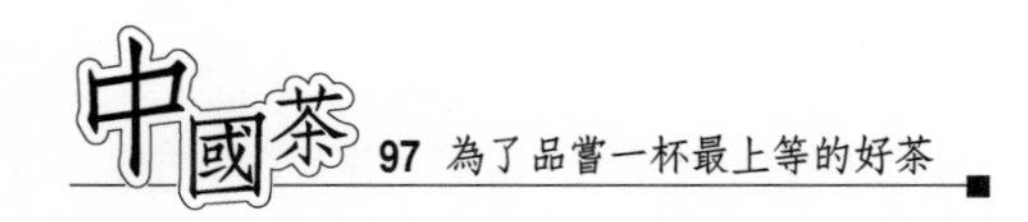

☎〇四五－六五一－七八二三

【關　西】

●市製茶本舖　大阪府高石市高師濱一－一四－一八　☎〇七二三－六一－七一八一

●天仁茗茶　神戸市中央區元町街一－三－三　☎〇七八－三三一－六七九六

韓國茶

我想世界上應該有不以茶樹為原料的茶。自然生長於那個土地，又或者是被栽培的穀物、草本、樹根、果樹、樹皮等製成茶。在地區裡母親傳給女兒，為家族精心製作的茶。

歐洲的藥草茶一直是普遍被接受的，但南美的馬黛茶、南非的茶、印度的尼泊爾錫金茶，當然還有日本的麥茶、蕎麥茶、蕺菜茶等，也都是我們所熟悉的茶。這類茶說是被當成愛好品飲用，還不如說是被當成「對身體有益」的茶在飲用。

對於鄰國的韓國茶，我一直都不太瞭解。

綠茶傳入韓國比傳入日本的時間還早，是從中國與佛教一起傳入韓國。高麗時代在王公貴族、僧侶等之間亦非常盛行，茶的流行期更是高麗青磁的高峰期，而神秘的青磁茶具則產生於此時期。

茶與寺院是有很深淵源的，據說當時寺院的權力是龐大的。而之後的李王朝鮮時代，是被儒教所統治，所以茶便隨著儒教的導入而被排斥。至於當時茶樹是否完全被剔除的問題，根據最近研究指出「勉勉強強自己生長著或被栽培著吧」！

且說在韓國當時只有一部分特權階級的人才能喝茶。在平民間被飲用的，是利用高麗人參、枸杞等藥材做成的東西。對韓國人們而言就等於是現在流傳的家庭茶，也就是「對身體有益的茶」。

李香津子小姐對於家庭茶「逐漸消失於韓國」感到惋惜。在教導韓國料理的李小姐，大概想再度讓適合搭配料理的韓國家庭茶再度復甦吧！所以她將快絕跡的韓國家庭茶，再生成為適合現在人們口味的茶。

好喝又對健康有益的韓國家庭茶，只要稍微下點工夫任何人都能自己做，但該在何處才能購得材料呢？

李小姐說：「有時我也會到漢城去買，但在東京的話我會到新大久保的『韓國廣場』購買。」在山手線的新大久保與新宿中間，有一個通稱區公所街那一帶，並排著韓國料理店及材料店。而比較大的市場是「韓國廣場」的

茶葉專賣場，賣有韓國家庭茶的材料桂皮、五味子及棗子，放在塑膠袋裡的麥茶，還有玉米茶呢！而麥茶及玉米茶在韓國是最平常的茶。

雖然也有茶包，但試飲後可察覺完全比不上自己使用新鮮材料沖泡的茶。

而李小姐送我的桂皮茶、柚子茶、五味子茶，每一樣都好喝。而且在飲用時，體內似乎會湧出一股力量，真不愧是朝鮮泡菜之國的茶。我想韓國家庭茶可以稱為勇冠世界的「藥草茶」。

◆不爲人知的傳統家庭茶

——韓國料理研究家　李香津子

我想在韓國茶中最普遍的，應該是各位都很熟悉的高麗人參茶。甚至有茶袋包裝，可說是最固定受人喜愛的茶吧！

但是除了高麗人參茶外，韓國有各式各樣的傳統茶。例如棗子茶、柚子茶、柿子果實皮的茶等。這些茶都是從很早以前，在韓國的家庭中親手做的，有「自己家庭的味道」，而且每一種茶都不是以茶樹爲材料。但是現在除了極少數很講究味道的人們外，家庭中已幾乎不再製作家庭茶。但並不代表他們都不喝家庭茶，其實有不少人是購買市場上所販賣的茶，或者到這些茶的專賣店飲用。

在韓國飲用水是非常貴重的，除了高級飯店的西餐館之外，就算進到市內一流餐廳也一樣，不會有人端茶水出來。可能在韓國人思想裡滲透著醫食同源的想法，所以

在餐廳菜單上首先一定有牛骨湯這道菜。

在一般家庭中接近用餐時，大部分也一起飲用綠茶。與日本相同的是，韓國的綠茶也是由中國引進。據說最初是以佛教寺院爲中心被飲用，不久因變成儒教統治的世代，爲排除佛教連飲用綠茶的風俗都消失了，直到最近，似乎飲用綠茶的人眞的不多了。但聽說現在不但能做出非常好喝的綠茶，用餐時綠茶也普遍受到歡迎。

在漢城一天有二次供給飲用水的時間，是在上午與傍晚。那個時間以外的水，必須煮沸後才可飲用。而現在依舊是這個狀態，以前不知又是怎樣一個狀況呢？

水必須煮沸後才可飲用，我想大概是因爲在那種生活中下工夫，自己才會親手製作出那麼好喝的茶吧！從母親的母親的好久以前流傳下來，以生活的智慧所創造出來的這些茶，都是令我感到非常有魅力的。

父親與NURUNPA

我父親與家族乘船從韓國到日本金澤是在一九三二年左右，當時他十五歲。以相同方式過來的母親當時是十二歲，倆人當時當然也被以日本名稱呼，從事於軍隊配給的工作。我父親與母親是在那時相識，十九歲與十六歲時結婚的。戰後，父親、母親及父親的妹妹以外的親戚全都回到祖國，現在幾乎所有的親戚也都在韓國生活。

母親是沒有受到正規教育的人，但是她喜愛吃東西及煮東西給別人吃，所以她非常熱心於學習料理的知識。將肉煮成佃煮（一種食品，以醬油、糖等煮的小魚、小蝦等）風味的東西，還有類似日本大阪燒的韓式煎餅、韓國泡菜及涼拌菜等。

在吃完滿桌母親的親手料理後，我們必定喝一種茶，也是父親至今仍喜愛的茶。我們稱之爲NURUNPA，也被稱爲NURUNJI、SUNNIU等，也可稱爲鍋巴茶吧！以前是用鍋子煮飯所以有鍋巴，將鍋巴刮起來加水下去煮，而鍋巴越焦越好，白飯的味道與鍋巴的芳香混在一起，變成非常好喝的飲料。不只飲用湯汁，連鍋巴也可一起食用。

在孩提時期，經常在家裡喝的茶便是NURUNPA。在韓國的家庭裡，那時期並不喝綠茶。當時雖有人喝麥茶，但好像這個鍋巴茶，也是在飯後普遍被飲用的茶，這是

普通人民聰明智慧將剩飯的鍋巴加以利用做出來的茶。

現在普遍使用電子鍋煮飯，所以很少再有鍋巴出現。我反而將飯移到鍋內，做成鍋巴再煮成茶。有時將NURUNPA當成飯前茶端出來，招待來家裡用餐的客人們，也頗受好評。

選茶與料理的搭配也非常重要，某一天我的菜單就是下頁中的東西。

◆好喝的NURUNPA的作法（四、五人份）

*將茶碗一杯的飯放到鍋裡，壓成扁平的薄餅狀，用小火將鍋內的飯燒到酥脆。

*開始有芳香的味道時，倒入約三杯的水，稍微煮乾使其成為有些黏糊糊的濃汁狀，與鍋巴一起盛入碗內。

❖端出NURUNPA茶時的菜譜

1.NURUNPA

2.TOMI CIMU（蒸鯛魚）

在鯛魚身上切入刻痕，魚的肚子裡塞入扁豆、曬乾的香菇、紅蘿蔔、木耳、錦系蛋，蒸好後灑上辣椒。可做出紅、綠、黃、白、黑，非常美麗五種色彩的宮廷料理。

3.SENCEI（酸蔬菜）

將白蘿蔔、紅蘿蔔、水芹、小黃瓜、春菊等與甜醋攪拌混合。

4.ZIAN ZIULIMU（佃煮牛筋棒）

將牛筋與青辣椒一起燉三至四小時後撕成細片，再將其調成甜辣的味道。

5.MENRAN MUCIMU（醋醬拌鹹鱈魚子）

剝掉生食用鹹鱈魚子的薄皮，拌上燒海苔、炒過的芝麻、辣椒粉、芝麻油等東西。

6.SAMUGETAN（韓國人參雞湯）

將糯米、棗子、蒜頭、高麗人參等，塞入整隻雞的肚子裡，加入幾乎蓋滿整隻雞的水，邊加水邊等雞燉爛。韓國是使用烏骨雞，我是以土雞代替。

7.PECUKIMUCHI（酸辣白菜）

KAKUTOKI（酸辣白蘿蔔）

現在在韓國亦有販賣「乾燥的NURUNPA」，我曾嘗試過但似乎燒得不夠焦，所以最好用鍋子燒一下再做成鍋巴茶會比較好喝。

與NURUNPA相同，使用穀物做成的東西還有TANSURU。正好是介於甜米酒與茶之間的口感，是用麥芽粉、糯米、砂糖、松果做成的，有點類似焦麥的味道。也有人將綠豆搗碎，稍微煮乾做成飲料。我想那之中任何一種茶，都是爲了健康而廢盡心思製作出來的東西。

想喝適合料理的茶

在我小時候雙親經常因工作不在家，但母親卻會爲我們準備了佃煮肉及酸辣白菜等許多可以保存的食物以備我們隨時想吃。

這些保存食品及飯菜，雖然都不是昂貴材料所煮出來的，但我記得每一樣都非常好吃。我想我就是從母親及姐姐那裡學會，將哪些材料簡單組合做成平衡良好的餐點。這也是我學會料理的原點。

到了我十九歲時，父親問我是否願意正式學習韓國料理。當時在日本開課教導韓國宮廷料理與家庭料理，只有趙重玉老師一個人。而我實際上正式到老師班上去上課是結了婚差不多二十三歲的時候，從現在算起是三十年前的事情。

對我而言這就是我與有歷史性的韓國料理的相遇。上課中感覺並不只是平常所吃的辣白菜及滷內臟才是韓國料理。有些韓國料理是能夠保持原有鮮艷美麗的色彩才算是一道完整的料理，而且那種微妙的味覺，另我刮目相看。

過了四十歲，我也能獨立教導別人韓國料理，也有人到我這裡品嘗料理。但在數年前，我突然想到茶這個問題。

我有四個女兒，全都是生長在咖啡、紅茶、綠茶等什麼都有的日本。用餐時我都會爲她們準備她們想喝的東西，我也會和她們一起喝。忙著學習料理的我實在顧及不到「茶」，因爲忽然覺得還是泡韓國特有的茶才對……從那時起，我便開始研究學習茶。

將五味子的花菜調理成自己獨特風格的品味

反覆讀著趙先生的料理書或詢問雙親及韓國的親戚後，我首先被吸引的是「五味子的花菜」。花菜是指將季節的花及水果置於甜湯裡的冷飲。我考慮將這與茶區別，靈活運用花菜的美，做成類似甜品，並控制其甜味使其成爲清爽的茶。

我希望能使其成爲在正式餐點後，又或者在午茶時間等也能端出飲用的茶。

五味子是與南五味子同種植物的紅色果實，在日本又稱爲乾鮮五味子的乾燥品亦被使用於漢藥，藥效爲整腸及強壯作用。在韓國除了花菜、茶之外，更經常被使用於當酒的材料。

◆「五味子花菜」的作法

*抓一把五味子，洗一下泡在足夠的水裡，直到水變紅酸味出來為止，約浸泡

一個晚上。

*將浸泡的五味子用布濾過，將剩下汁液冰涼即可。

*加入少許蜂蜜稍甜即可，再加上切成花形的梨、蘋果等，那個季節的水果。

*最後將松果灑在上面。

❖端出五味子花菜時的菜譜

1.MAND（比目魚的水餃口味）

將削薄的比目魚捲上調味成烤肉口味的牛絞肉及蔥，放在鍋裡蒸熟然後淋上醋、醬油即可食用。

2.FUWA YAN JIOKU（串燒牛肉與蔬菜）

將調味好用火煮過的牛肉，與切整齊的紅蘿蔔、香菇、蔥及煎成薄餅狀的蛋，串在串燒棒上再串燒即可。

3.JIYAN JIA（醃鹽的生鱈魚內臟）

將醃泡鹽水的鹹鱈魚內臟，加上蒜頭、紅辣椒、韓式味噌（辣）醬、醋、芝麻油等調味後，再加入白蘿蔔及白髮蔥將其拌勻。

4.OI SON（鱗形黃瓜）

將小黃瓜切入細刻痕，在那中間夾入牛肉、香菇、錦系蛋、松果等再淋上醬即可。

5.KEIP JIAN ACHI（醬油浸泡芝麻葉）

6.OMIZIA FACIE（五味子的花菜）

醫食同源的韓國家庭茶

一年中有幾次，我會爲了採購料理材料前往漢城的漢藥房及KYONDON市場、CUN BUN市場等地方。在那裡可看到在賣茶的材料，亦會讓我們試飲煎茶。

前些日子到漢城時，在一間將古老民房改建成茶館的店裡，試喝了柚子茶及花梨茶。那是裝在類似抹茶茶碗的茶具裡，對我而言味道過甜以至於我無法喝完它。

在韓國通常會在這種飲料裡加入許多蜂蜜及砂糖。我想可能因爲這茶不是與餐點一起飲用的關係吧！又或者韓國茶不像咖啡及紅茶是被當成嗜好品，而是被當成健康及藥用飲料的感覺較強，又爲了使其變得更易令人接受、更有營養而加強其甜味吧！

在對茶有興趣後，我突然希望能將利用食物及漢方材料等多種多樣的韓國茶，儘量改變成自己的味道使其重現成爲不同口味的茶。以韓國醫食同源的想法爲基礎，讓大家能夠愉快地在享受休息片刻時喝一杯好茶。我開始想將那樣的茶憑自己的努力下功夫製作。

【桂皮茶】

桂皮是韓國料理中，主要的調味料之一。例如將高級料理鰻魚燒的醬，使用於暗藏的味道。韓國的桂皮與在日本經常可見纖細的肉桂棒有所不同，它是生硬粗糙類似厚樹皮的形狀。是否因爲肉桂樹本身就與眾不同，所以味道也特強。

雖然從很早以前我就知道韓國有桂皮茶，但是在數年前才在漢城的CUN BUN市場喝到。那時的桂皮茶是將桂皮煮出味道再加上甜味，當時我感到甜味太重，壓過了桂皮的芳香。

我非常喜愛桂皮，所以我想著：究竟該如何有效活用這個芳香呢？於是我加入連皮一起切成薄片，將其曬乾的薑片與紅棗或黑棗。

將桂皮、薑及棗加入充分的水，一起用慢火熬煮十分鐘左右，就會成爲甜味恰好、顏色漂亮、稍有刺激性的茶。這茶熬煮兩次依舊好喝，是既經濟又實惠的茶。第二次熬煮的茶，加入牛奶味道也很不錯。

我非常辛苦的嘗試平衡桂皮、薑及棗的份量，基本上也成功地固定了其份量。甜味是棗所形成，所以可以依自己喜好調節，這是我推薦貧血及易感冒的人喝的茶。

【艾茶】

高麗人參茶及五果茶（用棗、肉桂、陳皮等五種漢方藥材所製作的茶）等。韓國有許多以藥效爲中心的茶，在日本要購買那種茶的材料，尤其是品質特別好的材料更爲困難。所以我開始尋找能在自己周邊找到，又可以簡單做出好茶的材料。

我經常到長野縣的蓼科，在那裡我找到了艾草，同時也發現用這個的話，任何人都能自己製作。艾茶在日本與韓國，是被當成健康茶廣泛被販賣。於是我便盡力嘗試去製作。

首先告訴各位關於艾草的收穫期，初春時的新芽最爲合適。快速用水沖洗攤開置於蓆子上，放在太陽光下曬乾。等葉子變得乾燥，便置於不放油的中華鍋內乾炒。再將其用果汁機打成粉末，做成粉就可像綠茶般用壺沖泡。

艾草不只能做茶也可做成艾草年糕，在韓國有時還將其加入湯裡。艾草從以前就有解熱解毒並對感冒也有藥效之說。又，在漢方中蔭乾的東西稱為艾葉，有止血、鎮痛、止瀉等效用，以生藥被當成調配劑。

從夏天到秋天，我都用自製艾茶擺脫胃弱的毛病。

【TONGURE茶】

TONGURE是指樹根的意思。

在去年秋天漢城KYONDON市場某漢藥房，初次試飲TONGURE茶後，我開始對那個味道感到有極大的興趣。TONGURE有它獨特芳香，且味道極佳。於是我馬上買了許多TONGURE帶回日本並開始在家裡挑戰製作TONGURE茶。果然味道加甜一點較好，所以在這裡我又決定使用棗子，加了棗子後用壺熬煮變成相當不錯的茶。

事實上TONGURE是什麼樹的根，我做了許多調查及詢問，但至今卻依舊無法得知結果。據說TONGURE茶以前在韓國曾盛行一時，但不知為何又突然有一時不為飲

用，甚至到幾至絕滅的地步。但最近又有復活的徵兆，我想必定有其理由吧！

【銀杏茶】

這也是去年秋天，我初次自製的茶。

據說銀杏葉中所含的成份，對防止動脈硬化及老人癡呆症有效，也曾因此轟動一時。甚至以健康食品爲號召，製成藥片販賣。知道那些事後，我便想自己用銀杏的葉子製茶。而且從以前我就知道，銀杏對身體很好，但對於它的功效，我並不完全瞭解。

到漢城時曾詢問過對醫食同源很詳細的料理家。他給我的回答是，功效是與現在被傳說的相同。而韓國的銀杏是精華成份較多，又告訴我尤其是雌樹的葉子較好。

在漢城父親家中庭院裡，屢次望著銀杏的葉子。韓國的銀杏葉子的確是較小但肉厚，摘片葉子擠了一下出現白色汁液，我想這大概就是精華成份吧！

另外受教的是銀杏的摘取時間，最好是在接近落葉時。而令人感謝的是，我剛好在那時期前往漢城。盡我所能的，我摘取了即將落地的雌葉，洗乾淨後在太陽底下曬乾帶回日本。將這再晾乾使其變得乾燥，再像艾草茶一樣放入不加油的鍋內乾炒，並用果汁機打成粉末。我想經過空炒後，能使其芳香更散溢出來。

我通常會將自製的茶空炒一下，並不只爲添加其芳香，最主要是考慮到殺菌效果。

【山白竹茶】

飲用了在日本市場販賣的竹葉茶，我的感想是很可惜並不太好喝，明日葉茶也相同。我想這大概是個人喜好的問題，於是我想應該能做成更好喝的吧！

去年夏天也是在蔘科，收穫了許多山白竹的葉子，我儘可能挑選採取無傷痕的嫩葉，製茶的方法是與艾草茶及銀杏相同。將葉子洗乾淨後置太陽底下曬，使其變得乾燥，用鍋乾炒後再用果汁機打成粉末。這也一樣置於壺內，用熱開水沖泡悶一下，倒入茶杯即可飲用。這比市場上販賣的東西更好喝！

【柚子茶】

「家有一株柚子樹，能讓一個小孩長大成人」就像諺語般，我經常聽雙親提起。因爲在以前的韓國，柚子的果實是非常稀少且昂貴的，所以家裡只要有一株柚子樹，販賣其果實就有錢讓小孩接受教育的意思。但是最近柚子果實平常就有且非常便宜，雖然果粒較小但色彩鮮艷味道濃厚，可以非常簡單地買到好的果粒。可能是柚子樹在韓國已經根深柢固的關係吧！

想起四十年前我頭一次到漢城時，市內都是紅土，「眞是少有花草及綠化的城鎭」我曾如此想過，但之後則見年年增加綠樹。雖建有許多豪華公寓，但普通房子也有，甚至能在其庭院看到柚子樹。

柚子茶在冬天是不可或缺的，柚子在日本與韓國一樣，被傳說有預防感冒的功效。爲了度過寒冷季節，能品嘗既芳香又好喝但昂貴的茶，雖較費功夫，但如果做得越仔細就能保存越久，在便宜時可多做點存放。有客人突然來訪時，先倒一杯熱的柚

子茶給客人喝，具有暖身效果，相信客人也一定會很高興。

❖端出柚子茶當天的菜譜

1.YUJIACHA（柚子茶）

2.JIURUPAN（九節板）

這是宮廷料理，九這個數字在韓國是非常幸運的數字。用麵粉做成薄餅，再捲上用魚、海鮮、肉、蔬菜等做出八種色彩鮮艷的料理。

3.NAMURU（七種醋、涼拌的蔬菜）

將菠菜、白蘿蔔、紫萁、小黃瓜、豆芽菜、茄子等分別做成醋、醬拌蔬菜，以及紅蘿蔔與白蘿蔔的醋、醬拌蔬菜七種。

4.DRUZO BIBIN PAPU（韓式拌飯）

將飯、牛肉、醋、醬拌蔬菜等放入溫熱的石鍋內，最上面加上生蛋後燒煮，邊攪拌邊吃的大碗蓋飯。

5.JIYAKAKUTOKI（松果粥）

先將糯米煮成稀飯，加上松果即可。

6.JIAN KAKUTOKI（白蘿蔔的醬油泡菜）

7.黑海帶佃煮

黑海帶是與羊栖菜一樣是海草類，將這像煮羊栖菜般，加上蔬菜用芝麻油炒後煮一下即可。

◆柚子茶的做法

＊將沒有傷痕及斑點的漂亮柚子，整粒洗乾淨後擦乾。

＊將削薄的皮切成細絲，放入玻璃瓶等容器。

＊將削掉皮的果實切半，絞出汁液將這汁液過濾後加入玻璃瓶。

＊再將紅糖或蜂蜜加入玻璃瓶中，約蓋滿瓶中材料的份量，最後加入少許三十五度的燒酒後密封置於冰箱二、三天。可直接放入冷藏庫保存。

＊適量的將柚子皮及汁放入茶杯再加入熱開水，就成為一杯芳香濃厚的柚子茶。

有效活用原材料力量

製茶首先別錯過季節性原料，且需考慮原料的鮮度與是否爲當季的東西，因這是味道關鍵。像我現在就在考慮嘗試製作花梨、明日葉、核桃、杏、朱欒、石榴等茶。

因爲杏及石榴是要先將其曬乾，所以天氣也是列入考慮的重點之一。

在韓國，從以前開始就有「無法做好二十種韓國泡菜的女人，無法嫁人爲妻」之說。而現在的韓國泡菜，也已有人從事於大量生產的販賣，我感到在現代的家庭裡已經越來越少人自己做泡菜及茶。

雖然我也喜愛吃韓國泡菜，但我是一個沒有用米糠拌鹽醃的小菜就不行的日籍韓國人。所以我想我可以邊享受似乎即將絕跡的韓國茶並嘗試自己製作，也希望各位能跟我一起品嘗。

韓國茶是只要使用水果就能有效活用該水果本身持有的風味及滋味，飲用享受原料的力量，而身體也更健康，我想我依舊會持續在生活中製作那樣的茶。

家庭廚房與空間　崔小姐的廚房
東京都世田谷區千歲台四—八—五—一〇一
☎〇三—五四九〇—一三一〇

日本茶

江戶時代被描繪在農書裡的製茶風景

對我們而言談到「茶」，即讓我們聯想到日本茶。因日本茶過於平凡所以不曾想過查詢有觀日本茶的資料。但去掉偏袒，我想以濃郁茶香及美味來說，煎茶可說是世界第一！用沸騰的開水沖泡出芳香的粗茶是適合任何料理的。

關於集千利休之大成的「茶道」系列出了許多的書。無可厚非在世界上那是令人誇耀的日本文化，但在這裡所想的是平常生活中所飲用的茶。

但是據說在江户時代中，並無留下普及於平民的煎茶、粗茶等茶的簡易啓蒙書。

*

在城鎮的茶館買茶，是一件很令人感到沒有自信的事情。我想是因為對茶的常識不夠的原因吧！我想瞭解的事情實在太多了。

為何標籤上標有「深悶茶」的茶較多呢？很想瞭解適合每個品種茶的品嘗方式，也很想嘗嘗產地不同的同樣茶種。還有倘若都能在店裡試飲，我想選茶將變得更有趣不是嗎？身體不好時喝的茶、適合糕點的茶、適合料理的茶等，假若能夠更有趣的選擇平常喝的茶該有多好！

心裡掛念著這些，好像許多情報都會自然映入我的眼簾。例如，不經意時到手的一本書，有一種品名叫「藤香」的茶，是非常好的煎茶。我也是初次瞭解到有品種茶的存在。茶有許多品種，例如，據說有名的YABU北茶是代表日本茶的品種。

在超市買到小茶園製作的粗茶，價格並不是太昂貴，令人意外的是真的非常好喝，這也是我的一個新發現。或許能由於我們自己本身小小的興趣，而將日本茶的世界擴展也說不定。

*

「鄉下出身的人，似乎較偏好自己喝慣的茶，日本茶好像都是由父母家裡寄來的居多」尾崎先生如此說著。從不曉得茶居然也有如此的交流。

尾崎文先生二十年來從事於料理等實用書的編輯，而且令人佩服的是他

是一位手腳勤快，且精通廚房工作的高手。

他是一位採訪世界所有料理及茶的人，請教他本人是否較喜好特殊的茶時，他的回答是「不管怎麼說都是日本茶好！」

◆重新發現「平常的茶」的好喝

——BUN料理工作室　尾崎文

我喜愛在家裡工作，若問我爲何？我想我的答案是：因爲我可以不顧慮任何人，自由自在的想站就站、想坐就坐、想喝茶就喝茶。當我無法將頭腦的思緒理順，不知該如何繼續寫稿時，我就站起來煮開水。

前幾天我也煮了開水，但紅茶及咖啡我已經喝得連餘味都知道，顯得有種厭膩的感覺。正在困惑不知該喝什麼時，恰巧看到朋友送我的八女茶。打開盒子，裡面有張紙片寫著「茶的沖泡方式」。

盒裝的茶通常都附有這個，以往都傲慢的想著「這些我根本完全瞭解」而將紙片丟掉，但這時我卻不知爲何竟仔細地讀了這張紙。紙上千叮嚀萬交代的寫著，需將沸騰的開水冷卻至七十度左右。或許那個寫法不錯，令我想起曾學習煎茶的母親說的

「第一煎用溫開水，第二煎用熱開水」的說法，眞是値得欽佩，讓我也想好好的沖泡看看。

用沸騰的開水溫小茶壺，二個茶杯亦倒入開水。等待冷卻的時間，將八女茶二大匙放入溫過的小茶壺，等茶杯內的開水冷卻至約七十度時，再慢慢倒入小茶壺內，然後等待一分半鐘——這個茶就會非常好喝。

其實我煮開水也是爲了逃避工作的一種手法，而且我的性格原本就是粗線條且不計較。就像咖啡自己喝的話，用即溶咖啡也無所謂。所以倘若當時我不看那個紙片，就算是八女茶我也一樣就直接將開水沖入茶壺吧！

我除了編輯料理書籍及作家的工作外，偶爾也有編輯菜譜的工作。對我而言拘泥於好吃與否，還沒有製作「如何在三十分鐘內，做出營養均衡的餐點」及「如何能在一天中，毫不勉強的吃三百克的蔬菜」等料理來得實在，因我覺得能快速煮好且與所費工夫能平衡的既好吃又健康的料理，才是最好的。

但是邊喝八女茶，我想起我早已忘卻這煎茶的味道。讓我這已習慣咖啡及紅茶的舌頭，有休息的一瞬，有種新鮮感。從那次以後，我開始覺得如果要喝就喝日本茶。

重要的是適合茶葉的沖泡方式

我現在住在東京，但母親與我其實都是土生土長的大阪人。即將七十七歲的母親，一個人住在離我住處約三分鐘路程的地方。她只來家裡吃晚飯，每次晚餐後飲用的茶也都是母親買來的。

但是有一天，我沖泡了朋友送我的茶。結果母親說：「這是靜岡茶吧！」母親是位平常不說自己想吃什麼，也不批評東西好不好或好不好吃的人。但那天她卻說：「我總是不太喜歡靜岡茶，你不認爲味道不太好嗎？」或許是我茶葉放得不夠的緣故，雖對與靜岡茶有關的各位感到很抱歉，但被母親如此一說我似乎也有同感。

在詢問母親下才知道，她平常所帶來的茶是老闆從關西的茶館所購買的。瞭解母親有多小氣的我，不留心還是講出這茶是有名老店舖的茶。於是母親便說：「那裡的茶是送人時好聽，平常自己喝也有便宜普通的茶呀！我們平常泡的茶也不差吧！」

茶的味道是會因爲茶葉的種類及品質而有所不同，但最重要的卻是適合那個茶葉的沖泡方式。只要開水的份量、溫度、浸泡時間等都準確的話，肯定可以品嘗到茶本身的美味。話雖如此，倘若每次泡茶都那麼小心謹慎的話，那也未免太辛苦了。「平常與妳一起喝的茶，用熱開水沖泡也一樣，只要有差不多的味道即可」，這是母親平常對我說的話，不愧是我的母親。

◆沖泡出好喝煎茶的方法

＊茶葉一人份三克，將滿滿一小茶匙的茶葉放入小茶壺。

＊將沸騰的開水冷卻至七○至八○度，一人份以二分之一杯的水量為基準倒入。

＊蓋上蓋子放置六十秒後，倒入溫好的茶杯內。這是一般的沖泡方式。若有溫壺的話開水的溫度需偏低，沒溫壺的話開水的溫度需偏高較為恰當。

而我呢？我自己本身較偏好濃茶，經常將三人份的茶葉放入馬克杯沖泡飲用。二大茶匙的茶葉是最恰當的份量。從經驗上來說，沖泡煎茶時最好先溫壺。在等待沖泡的茶冷卻的時間，茶葉會在溫暖的壺內悶開。那時再將溫開水倒入壺內，便會加強茶葉的芳香，不過我認爲這也是會隨著心情有所改變的。

提到茶畢竟還是宇治

母親都在住家附近的高島屋買茶葉。我已經喝了好幾年那個茶，其實我連製造商的標誌都沒去看過。我只是擅自想像，那個拘泥於關西茶的母親，肯定是購買京都的宇治茶。但沒想到翻了袋子，這竟是三重縣所產。不由得告訴丈夫

歌川國貞畫「東海道名所之内　宇治」

「親愛的，這是三重縣的茶耶！」

「哦，是嗎？有什麼關係，三重也是產伊勢茶的產地，應該是好喝呀！」之後我才知道，三重縣的茶也使用於宇治茶加量時。

可是就像埼玉縣的狹山茶、岐阜縣的白川茶、九州有佐賀縣的嬉野茶及福岡縣的八女茶等。產茶盛地有各式各樣的銘茶，但依生產量而言靜岡是日本第一名。然而為何宇治會成為茶的代名詞呢？那是因為在此處建立了日本的第一座茶園，以及確立了茶道文化的地方。

說起來關於茶的來源，據說是弘法大師從中國將種子帶回來的。雖也有其他各種傳說，但是其實真正開始栽培茶樹的是在那很久之後的鎌倉時代。是榮西禪師將種子與抹茶的製法一起帶回，分給高山寺的開祖明惠上人等人時開始。

原來推廣茶葉的功臣是明惠上人，他將在高山寺培育的樹栽種到宇治及栂尾以來，宇治便成了與茶擁有密切關係的土地。

煎茶是在那之後，大約再過四百年後由福建省出身的隱元和尚所帶來的。與隱元豆一起用開水沖泡福建省獨特的茶，是由他帶來日本的。將蒸過的茶葉仔細地揉搓，使茶的成份更快溶解出的揉搓功夫聽說也是傳承於他。而實際用此法去製作成茶葉的人便是宇治的永谷宋圓。

在那之前，平民們都是將做完抹茶剩餘的茶或茶葉曬乾做成「日乾粗茶」飲用。據說這種茶需要長時間熬煮才能有味道，所以又稱煎茶。而那個暱稱至今仍被引用，就像現在不需花費時間熬煮，但依舊被稱爲煎茶。這便是煎茶的名字由來。

明惠上人，惠日坊成忍畫「樹上座禪像」的一部分。

據說永谷宋圓先生雖嘗試製作了煎茶，但在京都提到茶人們還是會聯想到抹茶。因爲經過揉搓的茶在當時似乎未被接受，因此本身深愛茶葉且很有商業頭腦（我猜想）的這個人，便想到前往江戶賣這個茶。到了江戶他拜訪了人盡皆知的山本嘉兵衛的茶館，贈與他這個經過揉搓的茶。而這位山本先生也是一位富有進取精神的人，他承諾好好地販賣這個茶，就像在故事裡經常會有的軼聞。

之後煎茶便在江戶流行起來，但是根源還是在宇治。因爲宇治似乎有得天獨厚的風土氣候、技術及人才，適合於培育茶樹。

附帶說明，據說山本嘉兵衛先生是日本橋「山本山」的祖先。

新茶、粗茶、焙的茶

在接近三月底，茶館寄來一封詢問我是否購買新茶的明信片。我想應該有許多新茶迷，但我卻從不採購新茶來喝。從以前家裡就只喝日本茶，但自己卻沒有將新茶當成季節性的重要味道而品嘗過的記憶。祖父是習字老師，還記得祖父曾用燒上他寫的字的煎茶茶碗泡茶給我們喝，也曾泡過抹茶。

據說茶葉是從五月到十月上旬止，摘取四十五週期發芽的葉子。收穫爲四次左右，第一次摘取的茶葉是一號茶，也就是煎茶。在那煎茶之中第一次摘取八十八夜的茶葉也就是新茶。不購買新茶的我，偶爾也會有人送，那時候我便會喜悅地說：「是新茶！新茶！新茶哦！」但母親卻會在一旁說：「我倒喜好舊茶，比新茶味道實在。」

而粗茶通常用二號茶以後的茶葉製作，母親就是喜好這個能用熱騰騰的開水沖泡一大杯的粗茶。母親說她通常在早餐後，用乾果類配著抹茶，我以爲她喜好抹茶，但她卻很沒情調地說：「我雖然很想充分享用粗茶，但吸收太多水分會經常跑廁所，而不喝茶又覺得怪怪的，所以也就只好喝點抹茶了！」

來到東京令我驚訝的是，說想喝粗茶端出來的卻是烘焙茶，而我記得在關西似乎沒有將烘焙茶稱爲粗茶的習慣。還有在孩童時到百貨公司的餐廳等地方，可以看見在桌上置有茶杯及茶壺，茶壺裡放有烘焙茶。因爲是將極少的茶葉用熱開水沖泡後長久放置的茶，所以感覺是只有顏色而沒有味道的茶。孩童時覺得這茶好難喝，而有好長

一段時間討厭烘焙茶。

經常可以在ＤＩＹ食品等的書中看到，將放久的煎茶用砂鍋或炒鍋等炒後，會成爲好喝的烘焙茶。使用大火炒，等到茶葉的顏色有點變化、香味溢起時便可以從爐上拿下，據說最好是在想喝之前焙炒較好。經過茶館時經常可以聞到芳香的味道，我想那應該是爲了吸引客人用的芳香而長時間焙炒吧！也曾聽說用火盆的火慢慢地焙炒是比較好的……。

而在我們家總是會儘快地將茶喝完，所以根本沒機會自己製作烘焙茶。但是有朋友告訴我，可以試試用新茶製作更好喝。於是我便嘗試去做，照著書上所寫的方式，我看到纖細的綠色茶葉開始洋溢出芳香，不知爲何卻感到有些心痛。眞可惜！這茶葉一定是被小心謹愼製作成的……喝了以後感到與平常的烘焙茶有些不同，是種較高尙的味道。但是可能是經過了烘焙，反而覺得苦澀味很明顯。還是覺得用舊的有濕氣的茶去製作，比較不會去想這些。

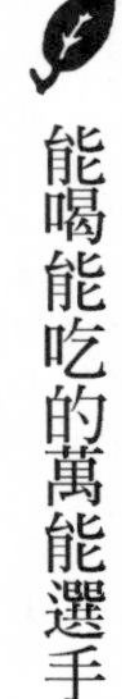

能喝能吃的萬能選手

我的兒子快一歲時，母親經常告訴我：「別讓他喝果汁，最好讓他喝粗茶。」雖然我很依賴母親，但二十二歲的我卻非常倔強，心想母親說的話我才不想聽，自己的兒子我自己會養！（現在我的脾氣依舊如此）我的兒子到進入小學前一點都不喜愛吃東西，所以心想給他喝粗茶還不如給他喝些有營養的飲料。

可是其實茶是含有鈣、燐、鐵、鉀、碘等礦物質及維他命A、C、E等豐富的鹼性食品，再加上茶的苦澀成份中含有兒茶素物質。根據報告指出這成份可幫助預防癌症，就像是健康食品的代表選手般，如果我早一點知道我就不會違逆母親，也一定會讓像肉食動物的兒子們喝茶的。

喝沖泡出的汁液還不如直接吃茶葉有效，也有許多茶葉料理的愛好者。在我認識的朋友裡就有將茶葉煮成佃煮的人，我還曾經品嘗過將茶渣炒煮的東西，味道非常不錯。朋友告訴我是茶葉，我才發覺好像有茶的味道。使用的茶渣是一百克三千元以上

的玉露茶，據說就是這個等級的茶才有味道、才柔和好喝。雖是非常不好製作的料理，但是能不丟棄玉露茶的茶渣而廢物利用，眞是個好方法。

但是現在對我而言，玉露那種氨基酸的味道還不如抹茶令我喜好。而且抹茶炸天婦羅時可做成抹茶鹽、又可加少許在安倍川餅（烤後外黏一層花生粉的年糕）或香草冰淇淋裡，將肉桂吐司的肉桂換成抹茶，或加入牛奶也很好吃。聽說母親的奶奶是在粥裡加入少許抹茶，我覺得抹茶的利用範圍似乎遠超過玉露茶。

雖不能大量使用，但抹茶也能完完全全將茶的營養成份吃進去。取掉茶渣太麻煩，我想只要好好的利用抹茶就好了。

適合用餐時、用餐後的茶

我有一陣子覺得飲用日本茶，還不如飲用各式各樣芳香的紅茶有趣，但在那個時期，吃日式料理時沖泡的仍是玄米茶與烘焙茶，不是想喝茶而是想聞茶的芳香。在吃完餃子及咖哩後飲用也不會覺得不合適。

許多人說吃完青魚後，飲用煎茶會使腥味更加嚴重。雖然我也是其中之一，但那獨特的甘甜味或說是美味是會上癮的。好像煎茶與玉露茶的特質香味尤會破壞口中餘味。雖說煎茶與玉露茶浸泡出的茶葉越濃綠是越高級，而我卻認爲茶的顏色越綠越不適合飲用於用餐時。好喝又有自然茶香味的高級茶葉，本應該珍惜那個味道，與糕點一起慢慢飲用！

假若是玄米茶或烘焙茶，在吃過沾鹽巴燒烤的青花魚後飲用也沒關係。只是不能喝薄茶（味道太清淡的茶），我想尤其是烘焙茶，應將多一點的茶葉用煮沸的熱開水沖泡後，等二、三分鐘後，有強烈的焙炒芳香、味道夠濃才好喝。

比較東西的味道

◇新潟的村上茶

在住家附近有一位結交了將近二十年的朋友，經常一起喝茶並互吐苦水。在她家聊天時端出來的差不多都不是日本茶，我好奇的問她平常她都喝什麼茶？她馬上端出來給我看，那是她娘家寄給她的兩種新潟茶。

「吃日本料理時大部分都飲用母親認爲好喝的這種茶，早上喝咖啡而其他時間則飲用藥草茶，不常喝日本茶。不嫌棄的話您們也可以試試看！」她說。我想，最該擁有的還是好朋友及母親。

茶袋上有新潟縣村上市與茶館的地址，新潟的村上茶是北限茶，據說栽培的是耐寒品種，沒有苦澀感，濃郁順口的味道是它的特徵。

她送我的村上茶是煎茶與煎茶的莖茶，我兩種都嘗試沖泡飲用。感覺味道雖沒關西茶濃厚，但味道的確還蠻濃厚且順口。

◇鹿兒島的知覽茶

我的這位朋友交際範圍廣泛，當我需作飲食關係的研究或調查時我很依賴她，詢問她關於她其他朋友的喝茶情況時，她回答：「現在差不多都喝在娘家時所喝的茶，

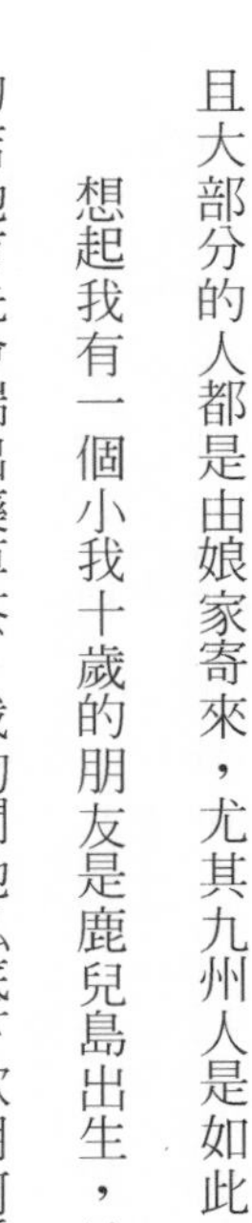

且大部分的人都是由娘家寄來，尤其九州人是如此。」

想起我有一個小我十歲的朋友是鹿兒島出生，她在高圓寺開了一家小餐廳。去她的店她首先會端出藥草茶，我詢問她私底下飲用何種茶。

她說道：「家裡的飯菜都是利用店裡套餐剩下的東西加以利用或隨便地吃一吃。所以我的感覺是想喝什麼就喝什麼，而日本茶我認爲還是知覽茶好。」鹿兒島的知覽鎮曾經是戰爭時特攻隊的基地，而戰後那裡卻成爲茶園，現在是僅次於靜岡縣的產茶地。她說她是喝知覽茶長大的，母親也會順便寄過來給她。

我有另一個鹿兒島出生的友人，最近她父親身體不好，從鹿兒島移住到她東京住處的附近，一直都是她父親爲她從鹿兒島寄知覽茶過來。

「我一直都是喝知覽茶，現在缺貨也就只好到超市買些茶當代替品。但總覺得有一種人工味，無論是哪一種茶還是在茶館買的好喝。我父親是務農並不是製茶業者，但在家飲用的茶卻是自己在家做的。家裡周圍是茶樹生長的籬笆，當開出白色小花時，就飄逸著非常好的芳香，而且眞的好美！」她懷念似的敘述著。

兩天後，她寄來了知覽茶並寫道：「我父親送我的，一些給您一起分享！」我眞感謝她。我馬上沖泡飲用，紙片寫著深悶煎茶「將熱開水冷卻至七十至八十度，儘量多放些茶葉浸泡二分鐘後飲用」，正好是我喜好的濃味。

◇佐賀的嬉野茶

談到九州茶還有一種佐賀縣的嬉野茶頗爲人知，嬉野茶是用鍋炒的茶。將蒸過的茶葉用鍋炒乾，可能因爲如此所以茶葉是捲成圓的，類似中國茶的球茶。我非常喜愛這種茶，打開袋子時我會深呼吸地聞它的香味。用熱開水沖泡也好，有點茶色又很香，我想在飯後飲用也必定好喝。

這個嬉野茶我感覺似乎與八女茶及知覽茶有點雷同的味道，我想這必定是因爲這是九州茶的關係吧！我對於友人所說「尤其是九州人……」之一詞似乎是可以理解的。

日本茶是可極輕鬆飲用的

像母親與鹿兒島出生的朋友們般，喝什麼茶成長，舌頭就會記住那種茶的味道，不喝那種茶會不習慣。在東京生活時間較長的我，依舊會無意識的喝自己在關西時喝的關西茶。

只要一說想喝日本茶，母親不只給我莖茶，還給我煎茶、京粗茶還有抹茶及抹茶碗。加上朋友送我的茶，我們家的茶櫃中現在剛好有十種日本茶。幾乎每次到了喝日本茶時，都迷惑著不知該先喝哪一種茶，而茶葉似乎會先從用沸騰熱開水沖泡起來好喝的先減少。但能隨著自己的心情選擇自己想喝的茶，用餐時飲用的茶、工作不順利時飲用的茶等，的確是一種樂趣。

藥草茶及紅茶有其獨特的香味，所以會有特別想喝的瞬間。而想吃甘甜味道的東西時，我會選擇肉桂與大茴香系列的茶。想激勵一下或相反地想喘口氣時，我會喝伯爵茶與正山小種紅茶，相對的，那種茶也有絕對不想喝的時候。但如果是日本茶的話，是任何時候都能接受且絕不可能拒絕的。而在我迷惑究竟該喝哪種茶時，我通常會選喝日本茶，對我而言日本茶就是這樣的茶。

最近經常看見標明深蒸茶，深蒸就是需蒸約一分鐘，據說是普通二至三倍長的時間。據說是將茶最好喝的成份在短時間內萃取出。但茶葉又是否會因蒸的時間較長而變得易碎呢？因深蒸茶類似粉狀的茶葉居多，單用小茶壺的茶葉會阻塞難以倒水，但如果將不鏽鋼的茶葉篩子放入小茶壺內便可解決。用八十度的熱開水沖泡放置一、二分鐘便可喝到好茶，此茶就像是爲了性急的我們動腦筋做出的茶般。

煎茶的茶道與抹茶的茶道是非常深奧的東西，所以有人說沖泡日本茶是非常困難的，但是對我而言，抹茶、煎茶及粗茶都是平常的茶。將其體會瞭解爲平常輕鬆時飲用的茶，我希望能將這茶點綴於日常生活中。

祖母做的粗茶料理

●年糕片粗茶

將鄉下寄來的年糕片烤至焦碎，弄成碎屑放入較厚的大茶杯裡，加一點鹽巴再倒入熱粗茶就是年糕片粗茶。春初是在大的砂糖空罐內裝入許多用火盆烤好的年糕片，而我最喜愛如此吃蝦及海苔的年糕片。所以我經常帶朋友來家裡玩，更請祖母做年糕片粗茶請朋友喝。

平常喝的粗茶我亦不會忘記是阪急粗茶中稱爲「上青柳」的茶。那是自我有記憶以來就開始喝的茶，爲何說我不會忘記？因爲直到我上小學前，前往購買這個茶是我的一種期待。與母親一起到梅田的阪急百貨公司在餐廳吃兒童套餐，然後去買漫畫書後再買茶葉回家是每月固定的行程。

粗茶有些是採取五月上旬的一號茶後，再摘下去年留下已成長的葉子製成的。但青柳及川柳般，有柳字的粗茶是用一號茶茶葉製成的。是用今年的茶葉且是用第一次摘取的大茶葉製作的茶，據說味道比二號茶以後做出來的粗茶味道還要好，在粗茶中是屬高級品，但卻比煎茶來得便宜。

母親與祖母是因爲眞的喜歡喝茶，才會在拮據的生活中選擇不貴又好喝的茶。話雖如此，現在被公認的「雁音」茶，是製作玉露過程時產生的莖茶，據說玉露與煎茶的莖茶味道雖不錯但價格卻不昂貴。

●茶粥

「茶粥是屬於奈良的東西」，這句話是祖母的口頭禪。傳說在建築奈良的大佛時，端給勞動者吃的就是茶粥。的確可說奈良是茶粥的發祥地吧！祖母所煮的茶粥是將前天的飯加上灶煮的剩飯放入平鍋，再加入熱騰騰的開水沖泡出的粗茶用鹽巴調味將其煮成粥。還記得我不太喜歡這個茶粥，我反而較喜歡泡飯。我想大概因爲

茶粥是用冷飯熬煮才感到不好吃的關係吧！茶粥或泡飯若用生米下去煮是絕對好吃的，用生米下去煮的方式是與先前介紹相同的，運用平鍋或砂鍋熬煮，到煮好爲止不攪拌是其重點。

製作屬於自己的茶！

【作品店】——文章・插圖　平野丹

據說不需攜帶地圖就能在山中走動摘採山菜（蕨、薇等）的專家，自己本身自然賦有知道哪裡有山菜、區分藥草及毒草的能力，不需課本也不需老師。我想他們擁有的該只是對大自然的敬畏及對植物的好奇心吧！

由於藥草茶的存在，再一次讓我發覺這些事情。

原來世界上還有利用周邊植物製造的茶，人們會用適合那個土地、水土的方式，考慮如何有效活用植物的特徵，並考慮如何配合自己的身體狀態做出「自己的茶」。對了，似乎在城鎮成長的人們，在明治時代出生的祖母與大正時代出生的母親也相同，必定自己製作藥草茶。「關於呼吸疾病用的薄荷水」、「對血液循環良好的蕺菜茶」、「剛感染感冒是用薑茶」……回想起來真的是太多太多了。

*

朋友送我用美麗淡黃色綜合起來的藥草茶，柔和的芳香讓人品嘗後能有一種輕鬆的氣氛。

夏天的玉米茶

從二年前開始，一個月二次與廚師的夥伴在我家開飲食創作室，首先決定菜單，如「豆腐」、「味噌」、「義大利的FOKAZUCHIA」、「墨西哥TORUTEA」等。

我們的目標基本上是想讓所有的參加人員從頭做起，也就是說連豆腐或味噌也是從大豆做起。一次的創作有時甚至需耗費約八個鐘頭，程序是以做好的東西爲基礎，做出幾樣那個國家的其他料理，最後所有的人一起打掃場地便結束。

因爲都是一群喜好飲食的人的聚會，所以絕對是飲食與飲料的話題居多，那是非常熱鬧的。

爲配合料理我自己便想做出一些風味獨特、別人肯定沒喝過的綜合茶。以紅茶、中國茶、馬黛茶、蕎麥的果實茶、香草茶、藥草茶等爲基礎，再經過稍微改良立刻變成您從未品嘗過的好茶。

有一個夏天，長野的祖父寄來許多玉米，因爲吃不完，於是我馬上嘗試製作玉米茶。

玉米茶的製作方式

①

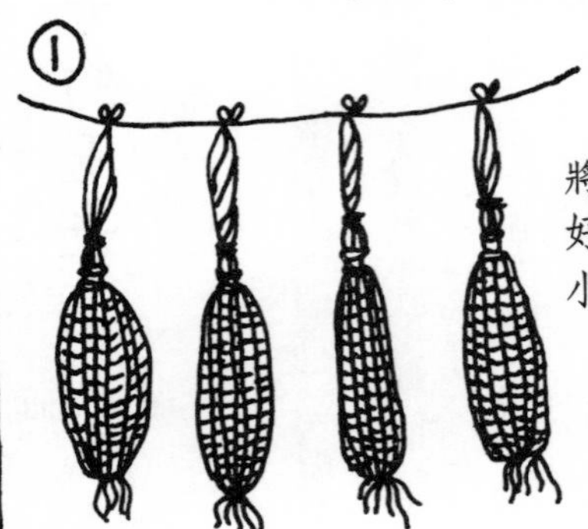

將玉米吊掛於陽台或庭院通風良好的地方蔭乾，要曬到玉米粒變小並乾枯為止。

②

將乾枯的玉米粒用手取下來

③

用炒鍋乾炒等玉米粒膨脹鼓起，變成茶色並有光澤即可。

④

熬煮後飲用，在五百毫升的水中放入二大匙的玉米粒，等沸騰後再煮五至六分鐘即可飲用。

《保存方法》

* 用瓶裝較為恰當
* 需注意濕氣
* 等夏天快結束時，玉米較為便宜可集中製作

想湊齊的「十種基本茶」

無論任何人在自己的房間或家裡肯定有不可或缺的東西，雖然不是沒有就絕對不行，但一旦缺貨就會覺得心情無法穩定。若在店裡看到更是會不知不覺地買下。雖與拘泥或想收藏這樣東西的感覺稍有不同，但對自己而言確實是特別的東西。

對我而言，這樣東西便是茶葉。

而且如果只有一種茶葉是不能令人十分滿意的，會覺得無法令我滿足。在各種各樣的國家中有各式各樣味道的東西，沒收集齊全幾個種類是覺得不愉快的，但並沒必要一定是昂貴的茶。

例如紅茶的話有三種，首先是用於奶茶，能沖泡出濃厚茶的茶葉，而直接喝讓人感到有存在感的是伯爵茶或大吉嶺茶，另一種則是綜合用有點強烈香味的茶葉。通常有花香的東西是被用於綜合沒有習性或特徵的紅茶。

藥草茶是薄荷類清涼型的茶，接骨木和洋甘菊的花這兩種茶是必需品。中國茶是在油膩的飲食後飲用會有整腸清胃作用的普洱茶，而龍井在當地則被稱爲價格有天地之別的綠茶，日本茶則是烘焙茶、煎茶、薏米茶等三種是我平常所喝的茶！

感覺至少需湊齊這十種茶，否則我家裡的茶棚似乎會因太空曠而感到空虛。

自我流的綜合茶是以味道為中心

我喜愛將基本茶加入別的茶或香辛料，做成另一個味道的茶。

用植物的葉子與果實做的藥草茶也是用我自己的方式去做，突然想到時也會將家裡現有柔和味道的十種茶綜合起來。而我這獨創綜合茶意外地很受年長者的喜好，我的藥草茶說它的藥效好還不如說是以其味道爲主，所以喝起來非常好喝。

綜合茶的製作方法

＊數字是茶匙一匙的數量

【獨創的綜合茶】

以薏米茶爲基礎一點點地加入柿子葉的茶、烘焙茶、蕎麥茶、艾茶、枸杞茶、京粗茶、蕺菜茶、箱茶、雲南沱茶等煮到沸騰後再稍微熬煮即可。

單種飲用顯得很單調的茶，在經過這種熬煮後會有較複雜的味道而且口感會變得特別好。在夏天我也會將這個茶煮熱飲用。

【溫暖茶】

快感冒時會聯想到的茶，喝了以後身體會暖和流汗，到了冬天考慮應付禦寒方法時也會做這種茶。芙蓉有強烈的酸味，加入接骨木柔和的味道與蜂蜜就變得更好喝。

❖材料 芙蓉（1）、鼠尾草（1）、薄荷（1）、磨碎的薑（3）、接骨木（3）。

❖做法 用五百毫升的水熬煮薑再放入藥草類，待沸騰後稍微放置一下濾過後飲用，可依各人喜好加入蜂蜜。

【綜合烘焙茶】

烘焙茶直接飲用也很好喝，是我最喜好的茶，若想更有變化配合基礎茶，我介紹三種綜合茶給各位。

第一種：

❖材料 烘焙茶（2）、蕺菜茶（1）、雲南沱茶（1）、艾茶（1）。

❖**做法** 在五百毫升的水裡放入全部的茶葉，等沸騰後用小火熬煮四、五分鐘後，會稍微洋溢出藥草的芳香。

第二種：

❖**材料** 烘焙茶＋煎茶

❖**做法** 將同份量的烘焙茶及煎茶，放入小茶壺裡注入沸騰的開水，用平常泡茶的方式即可。

第三種：

❖**材料** 烘焙茶＋蕎麥茶

❖**做法** 將同份量的烘焙茶＋蕎麥茶放入金屬製水壺，從生水開始煮，等蕎麥子開始變白時將火

關掉。穀類的茶是芳香的，而烘焙茶本身就是芳香茶，再加上蕎麥茶會更增加它的芳香味。

【紅茶與藥草的綜合茶】

在藥草中最易培育的是薄荷，在陽台栽種也能繁殖，所以經常沖泡飲用薄荷茶。接骨木是我最喜愛的藥草，但可惜自己卻無法栽種，在德國看到時眞的非常高興。

歐洲的藥草種類非常豐富，旅行時我都會買許多回來。綜合接骨木、菩提樹、薄荷、鼠尾草、茴香、johannisclout、蜂花等七種香草，便成了柔和美麗的黃色香草茶。非但味道芳香清爽且無茶葉獨特茶味，成爲既好喝又有名氣的茶。

嘗試組合各種茶時無意中發現有趣的茶，藥草茶與紅茶茶葉味道很搭配，所以可以調配成非常好喝的混合茶。而沖泡方式與紅茶順序相同。

❖材料

①洋甘菊（1）＋大吉嶺（3）

②接骨木（1）＋伯爵茶（3）

③芙蓉（1）＋阿薩姆茶（3）

「茶的力量」是植物的力量

從小喜好喝茶的我，在高中時自己每天泡茶喝。有一天父親難得的說「也幫我泡一杯」，「泡茶要泡得好喝才行哦！就算長得不漂亮的人，若能沖泡出好喝的茶，也是很厲害哦！」

我心想開什麼玩笑，但還是認爲自己絕不能泡出難喝的茶。父親喜愛的是煎茶，但什麼才是好喝？什麼才是不好喝的茶呢？

參照茶葉的量及開水的溫度、顏色、濃淡沖泡了好幾次，最後在六個茶杯裡面全泡了茶，用湯匙一杯杯確認了味道，將自己認爲最好喝的茶端給父親。

之後有幾次父親依舊要求「也給我一杯茶」，於是我每次都用一樣的方式比較後再端出最好喝的茶給父親。雖然每次都很緊張，但不知不覺中那樣泡茶卻成爲我的一種樂趣。

我爲何會對茶特別有興趣？因爲那是植物，也就是說我希望能多實際感受植物原來持有的「力量」。植物中不管是樹、是草、是果實種子，都有其個別的個性與藥效。茶樹以外的植物也能成爲「茶」，並有其獨特魅力。

我雖沒生過大病的經驗，但經常有不太順暢、感覺不太舒服的情況發生。經過幾次不舒服後，漸漸看到自己身體的弱點。應該是新陳代謝較差、身體感到很冷，大概是身體較寒吧！我希望可以不使用藥物，想辦法改變這種狀態時，正好聯想到「茶」。

茶中有促進發汗作用、提高代謝機能及對怕冷有效的效用。雖無法期待其立即生效，但若身體狀況能漸漸轉好也是令人高興的。

我想應該可以更加利用植物力量。

小時經常煩惱於會暈車，只要一搭計程車便不舒服，搭巴士也不能超過十五分鐘以上，但能夠的話我還是不想依賴藥物。

那時候的對策是拿一片薑在手上，無數次吸取它的香味。薑讓人感到清爽、舒適的獨特芳香，能讓人心情舒暢。

另外，生的薄荷葉及檸檬也有效，好像能讓自己感覺舒服的芳香是最有效的，而植物的芳香是勝過任何藥物的。

我想茶會那麼好喝的原因，其中之一是與這「芳香」有關吧！

與大自然親密生活

搬到東京邊郊的多摩丘陵地差不多也有三年了。

享受著用眼睛用身體去觀察季節變化的樂趣。一邊散步一邊觀賞植物甚至有時摘取。數一數住家附近的樹、花草及果樹竟有十幾種，而每年開花結果的就有二十幾種以上。

到春天首先會伸出臉的有蜂斗葉、蒲公英、艾草，之後馬上又有山蒜、青紫蘇及蕺菜，當天氣轉暖時就會迅速地長大。到仲夏前像紅紫蘇、梅子的果子、枇杷、杏等看起來都非常好吃。

等到快接近秋天時就開始有無花果、歐洲桃子成熟地結在樹上。當葉子開始轉變成黃色時，石榴的果實會裂開，鮮紅的果實從樹下都可看到。而同時在那時候正盛開著漂亮的橘色柿子果實，這時野生的奇異果也正是好吃的時候。通草及花梨的果實也漸漸地變大。

一年中最後的期待再怎麼說都是金桔，將整粒金桔用砂糖下去熬煮的蜜餞果品是特別好吃的。

只要我們稍微在大自然的恩惠下功

TEA time

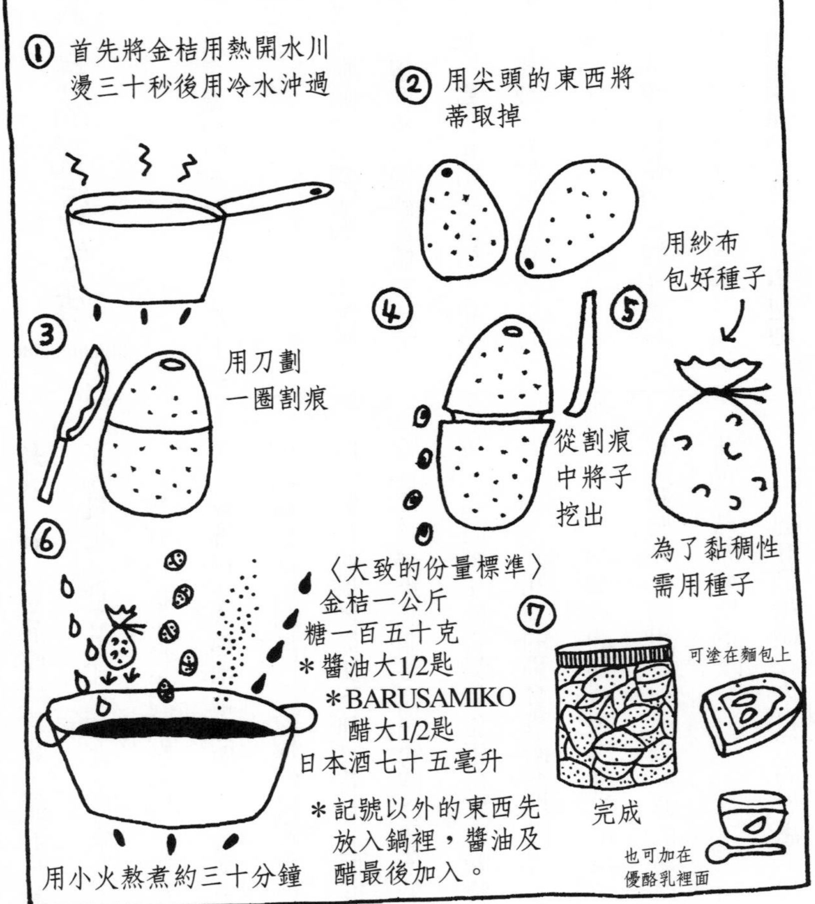
金桔蜜餞的製作方式
①首先將金桔用熱開水川燙三十秒後用冷水沖過
②用尖頭的東西將蒂取掉
③用刀劃一圈割痕
④從割痕中將子挖出
⑤用紗布包好種子
為了黏稠性需用種子
⑥用小火熬煮約三十分鐘
〈大致的份量標準〉
金桔一公斤
糖一百五十克
＊醬油大1/2匙
＊BARUSAMIKO醋大1/2匙
日本酒七十五毫升
＊記號以外的東西先放入鍋裡，醬油及醋最後加入。
⑦完成
可塗在麵包上
也可加在優酪乳裡面

蜂斗葉的花莖

一不注意就馬上長大，看到就一點一點摘取做成蜂斗葉味噌。能保存的味噌可一次多做些儲存。

艾草

新芽或嫩葉用於製作艾草糰，將夏天稍微變硬的葉子蔭乾做成茶葉，艾草葉單泡味道太重、若加些烘焙茶會變成非常好喝的茶。

山蒜

就像蒜頭與蔥綜合起來的味道，切碎加入牛油就變成很棒的山蒜牛油，塗在土司麵包上再去烤就如同蒜烤麵包般，但卻有不一樣的風味。

山蒜是群生於河原的河堤，可食用

的球根是藏在土裡。所以必須用手一點點地挖開泥土然後將其拔起，但這也是一種樂趣。

蕺菜

開花時是最健康、樹葉最茂盛且最有營養的時候，選定那個時期摘取葉子曬乾做成茶葉。味道上單煮蕺菜還不如加入薏米一起熬煮較易於飲用。

梅子

從接近六月底到夏天梅子的果實變大，心情也開始越來越期待。晃到附近的梅林，邊走邊撿拾落在地上的梅子，十分鐘左右，就能夠簡單地撿到二公斤的梅子。

將這果實洗後泡一晚水去掉澀液，一個個小心地取掉蒂，與砂糖、冰砂糖一起浸泡，或與酒一起浸泡，或做成梅子醬。

烤天然酵母做成的麵包時，也可將梅子發酵滲入麵包裡。

枇杷

「枇杷茶葉」曾風靡一時，所以我一直很想自己做做看，有一天看到家裡附近丟棄著如山高的枇杷枝，看似快枯萎便急忙撿回家裡。

首先將葉子洗乾淨，葉背的胎毛用棕刷刷洗掉。瀝乾水氣蔭乾，半乾時先用剪刀將其剪碎，再次曬到乾燥即完成。

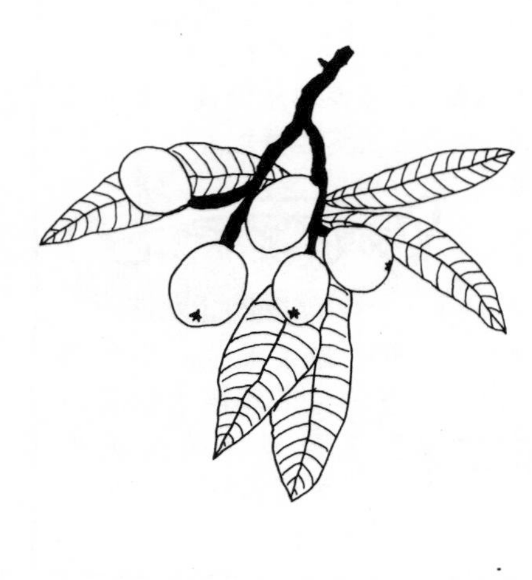

枇杷葉做成茶也很好喝，當手嚴重裂傷時將其熬煮成濃汁後，將放涼的汁液塗抹在手上，手便會變得很柔滑，據說冬天的葉子最有效。

柿子

秋天是產柿子的季節，直接吃不用說當然是好吃，但做成柿子醬也不錯。而塗有柿子醬與奶油芝士的土司更是絕妙。

「柿子葉的茶」非常好喝，而且富有豐富的維他命C。

柿子葉的茶的製作方法

① 摘取六至九月左右的葉子，先水洗後放入熱開水裡，差不多吸一口氣的時間取出。

② 用布擦掉水份後，攤開放在竹簍裡蔭乾。

③ 完全乾燥時將葉子弄碎，放入瓶或罐裡保存。

④ 取一撮茶葉放入小茶壺裡，注入熱開水放置四至五分鐘等待味道出來，喜好濃味的人可以用鍋熬煮。

金桔

一年裡最後的期待便是「金桔蜜餞」，很意外地這與茶也很配。

不論是紅茶、粗茶或中國茶都一樣搭配。甜點、零嘴與蛋糕還不及乾果或蜜餞適合。歡迎您們也嘗試看看。

世界的茶

俄國畫冊（由ermolaewa所畫）

在倫敦的茶館、香港的茶館、伊斯坦堡的茶館，在各式各樣的家庭裡……至今在世界上仍有許多人們在喝茶。但是隨著國度與地區的不同，喝法卻是千差萬別。從享受茶到藥茶，甚至成為生活中不可或缺的營養泉源為止。不只是喝，「連當成食物吃的茶」都從古時候就有。就讓我們走遍世界各地，探訪一下茶的故事。

從茶樹製作出來的茶

◇英國式紅茶

十七世紀初期首先經由荷蘭，不久後英國由東印度公司帶回的珍品——中國與日本的茶。起初被當成昂貴的藥品被珍視的茶，隨著成爲上流階級於社交時飲用而流行。茶葉的種類也從綠茶逐漸轉變爲歐洲人喜好的紅茶並普及於平民之間。

在其他歐洲諸國皆是咖啡爲主流的十八世紀，只有英國衍生出紅茶文化，在維多利亞時期，甚至產生下午茶習慣，也成了平民晚餐中的正式茶點，如此習慣的衍生終讓英國成爲紅茶王國。

現在茶組的原型是源起於和茶葉一起進到英國的中國壺與茶杯。當自己開始製作陶瓷器後，形狀也逐漸被改良成有把手的壺，而「英國陶工之父」喬塞夫更是將好用又美觀的茶組推廣於一般大眾。

砂糖依各人喜好添加即可。

在南非、澳大利亞、紐西蘭、加拿大的舊英國領土，現在仍算是英國式的紅茶文化圈。

◇俄國紅茶

俄國的紅茶（曼薩拉茶）飲用率僅次於英國。在俄國與波蘭、南斯拉夫等的東歐諸國，是使用俄式茶炊（金屬製的紅茶專用壺）煮沸的水將紅茶煮得較濃，再加入熱水稀釋。可加入檸檬或果醬，或咬著硬方糖喝茶。有時也會滴幾滴甜酒或伏特加酒但不加奶精。

以前使用炭火的俄式茶炊已幾近消聲匿跡。

◇西伯利亞茶

以紅茶爲原料做成的板狀紅磚茶，對於以生肉爲主食的人們來說是貴重的維他命來源不可或缺的飲料。用俄式茶炊熬煮濃厚，亦可加入砂糖飲用。

磚茶是指爲了輸送及保存，將中、低級品的綠茶與紅茶或粉茶等蒸過，再乾燥成磚狀、或圓盤狀，也稱爲餅茶。

◇北美・伊奴的茶

住於加拿大、阿拉斯加州極北的伊奴人，都是將紅茶慢慢地熬煮到變黑爲止。不需加奶精與砂糖，一天可以喝上好幾杯。對於經常食用生肉的人們，爲了中和血液中

的酸性，鹼性飲料的紅茶可說是他們的必需品。甚至可以用來和他們交換貴重的毛皮。使用火的帳篷生活中因為空氣太乾燥也是理由之一，只要有儲備，據說他們可以喝一整天的茶。

◇土耳其茶

在土耳其、伊朗、阿富汗等地方，用一種類似俄國茶炊的雙層水壺煮出香濃的紅茶，並用一玻璃器皿飲用。這個曼薩拉茶因為很濃、苦澀味很強，所以一般飲用時會加砂糖、蜂蜜或果醬，但不加奶精。

土耳其的人們一天都喝好幾杯曼薩拉茶，雖有些茶館很有名氣，但也經常可見人們在路邊喝曼薩拉茶。

◇北非的茶

埃及、利比亞等地方是將砂糖加入綠茶裡充分熬煮，然後從一個壺倒入另一個壺以達到起泡效果。有時也加入薄荷一起泡。

在突尼西亞、阿爾及利亞、摩洛哥等諸國薄荷茶是主流。在茶壺裡放入綠茶與生的薄荷葉、砂糖等，再注入開水飲用。

摩洛哥、北非的貝督印族的人們是用綠茶或紅茶與砂糖一起熬煮，有時也加入薄荷葉或肉桂。

◇印度的曼薩拉茶

將茶葉與牛奶一起熬煮，又或者在用開水煮開的紅茶裡加入牛奶，再加入砂糖即可飲用到甘甜香濃的奶茶。

此時再加入肉桂、小豆蔻、薑等的混合調味料（曼薩拉）所熬煮出來的香辛味的芳香茶便是曼薩拉茶。

在Kashmir這個地方，是使用俄式茶炊將綠茶或紅茶用熱開水熬煮，再加入肉桂、小豆蔻等香辣調味料。不使用牛奶而是加鹽巴或砂糖飲用，所以被稱爲Kashmir

chai。

◇西藏的奶油茶

將定型成磚狀的中國磚茶刨削後熬煮，再加入由野牛等取出的奶油（印度酥油）與鹽巴好好攪拌，再將之溫熱後放到木碗飲用，這也被稱爲酥油茶。奶油與茶的維他命C，對無法栽種蔬菜的這個土地來說，是不可或缺的營養來源。而磚茶的貴重性，可從以前可替代新娘陪嫁錢之處看出。

◇蒙古的牛奶茶

與西藏的奶油茶一樣將磚茶刨削後熬煮，加入溫過的牛奶或羊奶和鹽好好攪拌。也有人在攪拌成湯狀的茶內加入炒大麥粉或炒過的栗子、羊肉等當成正餐飲用。又稱奶茶、羊茶，而不加牛奶的又稱爲黑茶。

◇中國茶

原產於中國南西部的雲南地方，學名爲山茶花，山茶科的常綠樹，也就是世界各地茶的根源——「茶樹」。

雖不清楚茶是何時開始被認定爲飲料，但是到了九世紀左右它已成爲生活中不可或缺的飲料。並且在中國各地孕育出各式各樣的喝茶文化，社交與休閒兼具的茶館、可稱爲中國茶道的功夫茶、享受茶具的樂趣等等。

中國茶的種類隨著產地與加工方式，眞是充滿變化。單說茶葉的發酵度就可分爲六個種類，無發酵的綠茶（龍井茶等）、半發酵青茶（烏龍茶等）、後發酵的黑茶（普洱茶等）、全發酵的紅茶（祁門紅茶等）、弱發酵的白茶（白毫銀針等）、弱發酵或後發酵的黃茶（君山銀針等）。除此之外也經常在茶裡加上芳香的花茶（茉莉花茶等）飲用。

歷史最悠久的綠茶，也是現在中國消費量最大的茶。

沖泡方式各式各樣，有用小茶杯與小茶壺成套的功夫茶組、大茶壺、附有杯蓋的茶碗、玻璃杯等，放入一百度的熱開水浸泡後飲用。

◇越南茶

越南在東南亞國家中是極少數根深柢固將茶認同為飲料的國家之一。在家庭中普遍被飲用的是越南產的綠茶Cha・sine與類似紅茶的發酵茶Cha・den。也有附有蓮花香的綠茶，與中國的功夫茶相同使用小茶杯與小茶壺沖泡。

◇泰國的Mian

流傳於泰國山中地區的「嚼茶」，將茶葉蒸過後漬醃使其發酵。可添加岩鹽、堅果（核桃或栗子）或將肉等捲在裡面，像嚼口香糖一樣食用，但苦澀味與酸味較強。

泰國北部的山岳地區是接近茶樹的原產地雲南，所以亦被認為是茶的發祥地之一。

◇緬甸的lappe．sou

在緬甸北部可見的「泡菜茶」又稱lappet或led．pet。是將茶葉蒸過後漬醃使其發酵，沖水後再用麻油與鹽巴調味的東西。可加入蒜頭、蝦米、花生、辣椒等混合攪拌後當成茶點飲用。可與lappe．sou濕茶一起飲用的茶是綠茶lappe．chou。

與泰國的山岳地區一樣，被認爲是茶葉的發祥地之一。

◇日本茶

中國茶是於八世紀由入唐僧帶進日本。這時候還沒有喝茶的習慣，到了十二世紀末榮西禪師從中國帶回抹茶起，便展開了日本茶的歷史。

起初被當成藥飲用的抹茶不久與禪學結合，十六世紀末千利休完成了「茶藝（道）」。另一方面從江戶時代流傳下來的煎茶普及於平民之間，成爲每天生活中不可或缺的茶。

一部分是用鍋炒的綠茶，其餘大部分都是用蒸的。有抹茶、煎茶、粗茶、玉露、烘焙茶、莖茶、糙米茶等。

用茶樹以外的草木、穀類、花等製作

◇馬黛茶

馬黛茶繼咖啡、紅茶之後成爲世界上三大最受喜好的飲料之一，對巴拉圭、阿根廷、烏拉圭、巴西、智利等中南美諸國的人們而言，是生活上不可或缺的茶。從千年以前開始，原住於美國大陸的印地安人將其做爲藥用。原料是東青屬常綠樹（馬黛樹）的葉子。可說是含有豐富的鐵、鈣質、維生素的「可喝的蔬菜」。含有咖啡因與丹寧，並不好喝卻擁有獨特的風味。

將茶葉放入葫蘆裡用附有茶葉濾網的金屬管子，就像吸管般插入飲用是最具傳統的飲用方式。有時爲了加深彼此溝通，也有人一邊享受彼此對話一邊輪著喝茶。亦被

稱爲「愛之茶」。最近有茶袋包裝上市。

◇Tahibo茶

從南美巴西、亞馬遜毛呢內地的樹木，自Bignoniaceae科的樹皮中取出的茶。這個樹本身有連蟲都不敢靠近的強烈殺菌力，所以它不被霉與苔所覆蓋。在巴西被稱爲「神所恩賜的樹」。連印加帝國的人們也喜愛飲用此茶。

擁有豐富的維他命、礦物質、對美容健康都好，而且據說有抑制癌症的效果而被當成民間治療藥。

◇Rooibos茶

在南非從以前就被當成不老長壽的茶而被喜愛飲用，只在南非共和國一帶生育的豆科的asparasass linnearis針葉樹的葉子是它的原料，含有豐富的鐵分、鈣質、錳等礦物質成份。

◇Gymnema

自然生長於印度中西部的蔓狀植物，從Gymnema・Sylvesier製作的茶。基於在印度持續二千年以上的傳統醫學，被傳爲對糖尿病與泌尿系統的疾病、肥滿等症狀有效，印度人從古早前便開始飲用。

◇banaba茶

在菲律賓只要生病就習慣到森林摘取自然生長的banaba的葉子與果實煮著飲用。菲律賓的人們稱這有著千年以上的歷史樹爲「連女王都無法得到的神木」。傳說對糖尿病與肥滿、便秘、發燒有效，對改善體質也很有幫助。

◇甜茶

以中國南部的山岳地帶自然生長的玫瑰科落葉低樹爲原料，據說對花粉症等過敏

症狀有效。在中國廣受喜愛，正如其名有甘甜味但幾乎無卡路里。

◇杜仲茶

是使用在中國一直被珍重的，杜仲科的落葉高樹杜仲葉製作成。據說有降血壓作用、對改善體質預防老化也很好。

◇高麗人參茶

代表韓國的茶又稱朝鮮人參茶，朝鮮、中國東北部原產的人參科的多年草是原料。從以前就被當成可治萬病之藥飲，有增強抵抗力消除疲勞等效用。

◇玉蜀黍茶（玉米茶）

從很久以前便開始被飲用，現在是最平常的日常茶，用玉蜀黍粒炒過後熬煮的茶，有溫身效果、發汗及強烈的利尿作用。

◇日本的健康茶

蕺菜茶、麥茶、枸杞茶、香草茶、薏米茶、柿子葉茶等各種類的茶，從以前就被當成民間療法。

◇歐洲的藥草茶

歐洲從希臘羅馬時代開始將生育於地中海沿岸的紫蘇科與水芹科的藥草當做香料，運用於料理上或者當藥飲用，這就是藥草茶的源起。而現在是將那之外的植物之葉、花、果實、樹皮等也加工做成茶，做爲健康飲料飲用的東西全部包含在內都稱爲藥草茶。

被當成茶飲用的藥草種類至少有幾百種，在四千年前的美索不達米亞的粘土板上，也刻有洋甘菊與蒔蘿（子）的名稱。在中世紀畫本上登場的鼠尾草、在聖書中以納稅品被舉例的薄荷與茴香、被埃及女王喜愛的芙蓉等，擁有數千年歷史的東西實在太多了。

或許是因爲飲用藥草的歷史悠久，才可以接受從東方傳來的茶。

日本珍貴的茶

在日本各地能看到也唯獨在那個地方才能喝到珍貴的茶，現在為各位介紹從以前流傳下來的特殊製茶法及由各地不同的民情而衍生出的特別喝法等。

◇bata bata茶（富山縣朝日町蛭谷）

熬煮用乳酸發酵過的茶葉（黑茶），用圓竹刷茶道時攪和茶葉粉末使其起泡，邊吃著日式果子（一茶點）邊喝茶，在祖先的忌辰、分娩、成人式等慶祝席上，經常會有人開bata bata茶會，亦能成爲情報交換場合。

◇加賀棒茶（石川縣金澤市）

是加賀地方獨特烘焙莖的茶，在加賀地方雖盛行茶道，但平常較經常喝的是烘焙茶。

◇加豆的粗茶（福井縣蘆原町）

將蒸製好的下等茶混合已炒至外殼裂開的大豆。

◇振茶（奈良縣橿原市中曾司）

將磨碎的煎茶與鹽巴放入茶碗，注入熱開水後用圓竹刷使其起泡。倒出茶後加入適量自製的加了醬油、糖等佐料烤焦的小方塊年糕與茶一起飲用。成年、結婚、喪葬及祭祀的儀式等邀請鄰居及親戚前來時亦可用來請客的茶。

◇bote bote茶（島根縣出雲地方）

將粗茶與乾燥後的茶花熬煮後，用圓竹刷打到起泡。加入自己所喜好的材料，例如煮過的豆子、醃蘿蔔、味噌、小豆飯或粥等一起飲用。曾經在儀式中是不可或缺，甚至當做點心食用，現在在年長者的聚會中亦經常被端出飲用。

◇碁石茶（高知縣大豐町）

在高知的山坳做出有酸味的後發酵茶。將七月左右摘取的茶葉蒸過後，放置室內使其發酵（第一次發酵），之後塞入桶內置上重石、遮斷空氣使其乳酸發酵（第二次發酵）。等固定成型後切割好，在陽光下使其乾燥就成為碁石狀，也被使用於煮茶粥。

◇阿波番茶（德島縣相生町）

與碁石茶相同是在山坳被製作出的後發酵茶，製法與碁石茶雖有些類似，但將蒸好的茶葉揉搓後馬上置入桶內漬醃，將發酵後的東西展放於蓆子上，在陽光下使其乾燥。

◇buku buku茶（沖繩縣那霸市）

在當地稱爲buku buku，將炒過的糙米或白米用熱開水熬煮成煎米湯，加入另外泡好的粗茶或中國茶中並使其起泡。將這泡沫置於盛有小豆飯及煎米湯的茶碗之上，再灑上剁碎的花生米。但在戰後不久便逐漸廢除，但現在有使其恢復之跡象。

後記

泡茶要慢慢地、慢慢地

偶爾會想起四十幾年前的這種情景：

明治時代出生的祖母所沖泡的粗茶非常好喝，在火盆上開始煎茶葉時，餐室會充滿茶香。

我總是迫不及待地等著祖母爲我加入粗茶裡的酸梅。而當時祖母的咒語便是「泡茶要慢慢地、慢慢地」。

那是戰後五、六年的事情，現在想想那應該是極粗糙的粗茶。但不可思議的是，她那煎茶時溫柔的手勢，泡茶的樣子及技巧，一幕幕都在我腦海留下強烈印象。一杯茶的回憶會突然與當時情景一起甦醒，那一定是非常仔細且充滿愛心的東西才會令人如此吧！

對我們而言怎樣會讓我們去從事泡茶、喝茶這件事呢？我是感到疑問才開始寫這本書。

不單只是一種嗜好，茶可以給人們延續人與人之間的對話、表現出招待的熱忱等。茶，在我們延續後代子孫的同時，亦會延續那個地區的風土民情；它非常的接近我們，但卻蘊藏著深不可測的歷史與故事。說它可傳達人們生活中最深切之處也不爲過，它所遺留下來的參考資料更是龐大。

詢問了許多人的意見，儘可能的收集了資料，而那些精華即著成了這本書。

我由衷感謝協助我的各位朋友。

此刻，我想著現在世界上不知有多少人正在享受著茶樹的茶及藥草茶。當我在思考著前人們憑智慧、下功夫做出各式各樣飲用方式的同時，亦慢慢地用心品味著一杯茶。

若能一起享受那奢侈的時間該是多令人高興呀！

茶的時間・書籍編輯部
平野公子

附錄：茶的歷史

東洋是茶樹、歐洲是藥草，各別都是數千年以前就被利用。二個起源現在依舊被流傳為神話與傳說。我追尋了幾個主要的重點，也終於讓我有了一些新的發現、歷史性轉捩點的事件，以及有名氣且在茶的世界留下足跡的人們的記錄。

前3000時期　中國傳說中人物神農氏，發現茶的傳說而將其做爲藥用，連茶葉本身都拿來食用的習慣卻是在這更早以前。

神農氏

前3000時期　歐洲的凱爾特族、南美的阿茲臺克族（墨西哥印地安人）是早已將數百種藥草分類而當成藥用。

前2000時期　更古老的藥草園產生於埃及。

前300時期　根據顧炎武的《日知錄》，最近在中國四川省一帶非常盛行喝茶的風俗。

前100時期　古羅馬帝國在擴大領土的同時，將多種藥草帶入世界各地。

前59時期　在中國宣帝時代的學者王褒《僮約》中記載著：「烹煮茶」、「買茶」等關於茶的最古老例子。

77　古代羅馬的將軍・博物學者大普林尼著有《博物誌》，裡面記載有多數藥草使用方式。

100時期　希臘醫生Dioscorides著有《藥物誌》裡面記載有六百種的花草，經過一千五百年是最具有影響力的西洋本草書。

729　聖武天皇在宮中招集了一百個僧侶做法事（佛事）傳說有使用茶，這被視爲在日本有關茶的最古老的記錄。

748　據說天平時代（七二九至七四八）僧侶行基在各國種植茶樹。

760　中國湖北省天門縣的人陸羽著《茶經》三卷，抬頭歌頌著「茶是南方的嘉木」，也因這個著作陸羽被敬仰爲茶神。

800～900　到了九世紀在瑞士的修道院，被製造有艾菊、鼠尾草等既美麗對健康又好的藥草花圃。而藥草園藝便從修道院流行起來。

805　天台宗的祖先最澄（傳教大師），從唐將種子帶回播種在近江，同時也帶回茶（團茶）。

806	眞言宗的祖先空海（弘法大師），從唐將茶種、製茶方法傳導下來。
828	朝鮮半島從唐將茶種導入，而使喝茶的風俗盛行起來。茶葉被認爲首次傳入是在七至八世紀左右。
838	最澄的弟子圓仁入唐，在入唐的日記「入唐求法巡禮行記」中記載有「煎茶」、「喝茶」、「一串團茶」等記事文。
851	阿拉伯人索雷曼在《航海故事》中記載有，中國泡茶的方式──「將煮沸的熱開水澆注於植物之上」等。
894	廢止遣唐使，從中國輸入日本的茶曾一時中斷。
950時期	絲綢之路盛行貿易，喝茶的風俗從中國擴展到陸地及各地。
951	擴展念佛的空也上人，在流行疾病中將茶當藥物使用。用煎茶加上醃梅及海帶，後來成爲大福茶流傳於世上。
1023	根據宋使訪問朝鮮的記事，最近在朝鮮以茶粥爲宮廷禮儀流行於各地。
1191	榮西禪師從宋將茶種子帶回日本，傳達了抹茶的飲用方式，之後在日本開始了正式的茶葉栽培。

榮西禪師

1202　近來從榮西處得到茶種子的明惠上人，開始在京都種植茶樹。而明惠上人所敘述「茶的十德」是：

1.諸天加護　2.孝養父母　3.降伏惡魔　4.自除睡眠
5.五臟調和　6.無病息災　7.朋友合和　8.正心修身
9.消滅煩惱　10.臨終不亂

1211　榮西著有《喫茶養生記》等三書，是日本首出的茶書。「茶是養生的仙藥，延齡的妙術」，從茶的名稱、功效到製茶方法等都有詳細記載。據說當鐮倉三代將軍源實朝因宿醉痛苦時，榮西推薦以茶代藥並獻上這本書。

1334　在《二條河原落首》記載有當時盛行連歌會及茶聚會，而此時更流行所謂鬥茶，即競爭辨別栂尾茶及其他茶。

1482　足利義正開始營造銀閣，開始建造茶館。

1517　葡萄牙人運用海路抵廣東，發現被當成飲料飲用的茶，也是歐洲人首次認識茶。

1559　義大利人拉姆吉爾在《航海記集成》中記載著「在中國到處都在喝茶……」，此書也被認定為將茶介紹到歐洲的最初文獻。

1562　以傳教士身分前來日本的葡萄牙人路易絲‧佛魯伊斯，在《日歐文化比較》中記載關於茶的開水寫有「日本人喝的東西不熱不行，之後需用竹毛刷用〔(茶道）攪和茶葉末使起泡沫的圓竹刷〕敲打使茶淹沒……」等。

1591　茶道的大成者，千利休歿。

1607　荷蘭船從澳門將中國茶運到歐洲，是中國茶大量在歐洲被販賣的最初記錄。茶是綠茶但因價格過於昂貴，而成爲上流階級的獨占品。

1610　荷蘭東印度公司從長崎縣平戶，到歐洲首次輸出日本茶。據說是第一個傳到歐洲的日本茶，有一說推理此茶並不是抹茶而是釜炒茶。

1635　首次從荷蘭將茶導入法國。

1635　德國醫師喜蒙・巴烏里倡導過度飲用茶及煙有害說。

1636　英國東印度公司初次到廣州裝載茶，正式輸入爲一六四六年。

1638　被派遣至波斯王處的荷蘭大使的秘書官亞當・奧雷里烏斯記載「波斯人將茶煮至顏色變黑，加入茴香種子或果實或丁字（香料）及砂糖飲用」又「在茶館有販賣茶」。

英國東印度公司

1638　茶傳入俄羅斯之後產生用獨特

的喫茶方法。

1641　荷蘭醫生尼可拉斯・雷魯克斯在《醫學論》中倡導茶的效用，提及「使用茶的東西，因其作用能使免於所有疾病並能長生……」之說。

1644　英國在中國的廈門設立商務機構始經手茶的買賣，由廈門人的閩南發音爲“Te”，英文才稱呼茶爲“Tea”。

1648　巴黎醫師凱・巴達記載關於茶「新進入這個國家，不受喜好的東西」。

1654　黃檗宗之祖・隱元禪師，從中國到日本傳達煎茶。

1657　倫敦的煙商湯馬斯・卡拉烏販賣茶葉，在店內請人喝茶。在英國是最初被市販的茶。

1662　在英國嫁給查理二世的葡萄牙公主凱薩琳，將東洋喝茶的風俗帶入宮廷。從此在英國上流階段的女性間，以茶（東洋茶）代替葡萄酒集中了所有名氣。

1667　英國富豪沙米亞魯・彼普斯在日記中記載「回家時見到妻子接受醫師建議，預備以茶替代感冒藥飲用」。

公主凱薩琳

1679　荷蘭的醫生卡羅利斯・博德出版《咖啡、茶、可可亞》一書，也著有《禮

讚茶》；這也是歐洲的醫生首次寫有關茶的書。

咖啡屋

1680　英國的莎布里亞魯夫人（詩人之妻）是第一位將紅茶加入牛奶之人。而後奶茶便成爲英國紅茶的正統飲用方式。

1705　荷蘭醫師旦肯警告，所有熱的飲料——咖啡、茶、可可豆的亂用對健康不好。

1706　創立了世界最古老的咖啡與茶的公司。

1717　在倫敦首次開設茶館，咖啡屋主要爲男性客人專用，但茶館也歡迎女性客人，所以當時許多貴婦人都盛行利用茶館。

1720　在英國，茶的關稅約下降百分之二十，之後在英國國內茶便急速普及。

1721　英國東印度公司壟斷將紅茶輸入歐洲。

1735　日本煎茶道之祖，賣茶翁即是柴山元昭，在東山設立通仙亭茶店。

1740左右　在倫敦郊外茶亭繁榮。

1767 在英國因中國茶輸入量大增陷入財政危機，爲抵消茶的輸入而用鴉片抵押。這一年中國的鴉片輸入一百箱。

賣茶翁

1772 在英國的醫生也是最初茶的研究者雷得索博士，在《茶的博物學》中記載「茶對在沙漠原野中旅行的人而言，是比想像上還能令人消除旅行的疲勞」。

1773 在當時爲英國殖民地的美國，對英國本國發起茶稅反對運動。將從倫敦寄達三百四十二箱茶投入波士頓灣的「波士頓・茶宴會事件」，據說也就是引起美國獨立戰爭的導火線。

1774 英國的約翰・瓦達姆因製茶機的思考製造案，得到政府批准專利權，茶葉因此邁向工業化。

1823 英國人冒險家羅伯特・布魯斯，在印度阿薩姆的內地山中發現野生茶。這是在中國以外地區首次發現的自生茶，也是阿薩姆種的開始。

1825 在印尼爪哇初次被播種日本的茶種子，此時雖未得到良好的成績，但一八五八年設立了製茶工廠，印尼也開始正式生產茶。

1835	山本山第六代的山本嘉兵衛，發明了玉露的製造方法並在江戶賣出。
1836	羅伯特·布魯斯的弟弟C. A. 布魯斯，用阿薩姆種的茶葉成功製造出紅茶，最初的一磅是從印度送到倫敦。
1837	斯里蘭卡從中國輸入茶種子並開始試種，二年後也輸入阿薩姆種。
1839	英國為了報復中國沒收鴉片，開始攻擊清朝，史稱「鴉片戰爭」。
1840	為了在阿薩姆發現茶樹栽培，而被設立的英國的阿薩姆公司建造了二千六百三十八畝的茶園，並成功生產茶。
1847	德國的羅捷魯達，發現茶中丹寧的存在。
1848	英國羅伯特·弗爵依東印度公司的指示進入中國內地，成功的得到優良茶苗及茶種子，嘗試將中國種的茶樹移植到印度。
1850	從中國到歐洲及美國有號稱「茶·飛行船」的快速帆船，從五〇年代到六〇年代，在英國、美國夥伴間展開了熾烈的速度競爭。隨著一八六九年蘇伊士運河的開通逐漸的衰退。
1856	在下田入港的美國總領事哈里斯，將紅茶貢獻給紅幕府，

是首次進入日本的紅茶。

大浦的慶

1859　文明開化的幕末曾是長崎茶商，大浦的慶接到貿易商奧魯多一萬斤的製茶訂單，首次將日本茶輸出至英國。

1877　在印度學習到紅茶製造方法的多田元吉們歸國，在高知縣下嘗試那種製法。

1886　在東京銀座首次被販賣國產紅茶。

1888　在英國，印度茶的輸入量首次超過中國茶。

1896　A. V. 史密斯在倫敦得到茶袋專利權。

1906　岡倉天心在紐約出版《茶的書》（*The Book of Tea*）。

1906　明治屋首次將利浦頓紅茶輸入日本。

1908　茶樹品種改良的功臣杉山彥三郎，在靜岡選拔出藪北茶品種。

1912　在美國市場紅茶的輸入量超過綠茶。

1917　蘇聯在革命後，正式開始栽培茶葉。

1924　三浦政太郎發表在綠茶中含有多量的維他命C。

1925　在非洲肯尼亞創設製茶公司，進入二十世紀後半以肯尼亞為中心，非洲的茶生產量急速成長。

1927　國產罐裝品牌紅茶第一號，三井紅茶開始被販賣（之後改名為日東紅茶）。

1930　辻村みちよ在綠茶中發現兒茶素的存在後積極從事研究。

1935　美國的威廉・尤斯卡在紐約出版《全有關茶》(*All about Tea*)，以茶葉全書成為世界性權威的著作。

1961　英國利浦頓社製造茶袋自動包裝機，之後茶袋便急速普及於全世界。

1971　在戰後的日本，紅茶的輸入被完全自由化。

1979　在日本各地中國產烏龍茶的消費急遽上升。

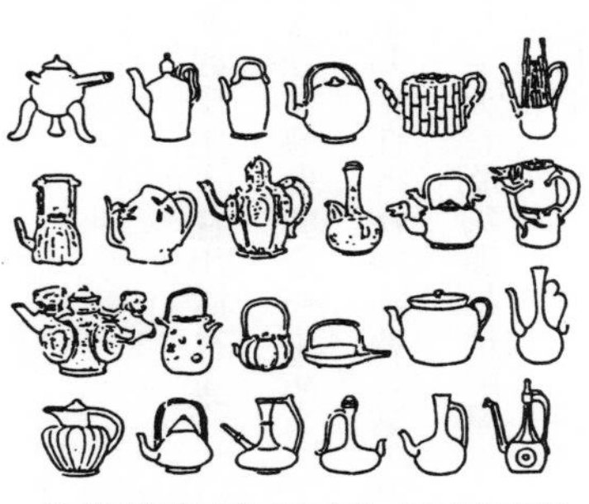

各式各樣的茶壺（取自於《全有關茶》）

作者介紹

◇佐藤忠臣

一九四五年出生於兵庫縣。一九七六年開始於東京吉祥寺開設紅茶專門店「紅茶飛行船」。

◇森惠

一九四五年福井縣出生，早稻田大學第一文學部法國文學專修畢業。從一九九一年起居住於德國，積極從事執筆撰稿於以介紹歐洲出版的書籍、環境、住宅、生活形態等爲中心的調查與研究。

◇工藤佳治

一九四八年函館出生，在出版社工作過，現在是人類文藝復興公司生活文化關係集團企劃主任。在中國茶館當講師，以普及「大家能夠簡易理解享用中國茶」爲目的。

◇李香津子

一九四三年爲在日本的韓國雙親所

生，曾正式學習韓國料理，在「家庭廚房與空間——在崔小姐的廚房」中，開辦以韓國宮廷、家庭料理爲中心的餐會，外帶用韓國泡菜及日常的各種菜，還有其他本書中介紹的茶等均有銷售。

◇**尾崎文**

一九四九年大阪出生，長年從事料理相關實用書編輯工作。

◇**平野丹**

一九七〇年東京出生，與搭擋一起從事於「SEN食生活中」料理工作室與辦伙食及製茶等活動。

關於編輯者

◇**平野公子**

一九四五年出生於東京神田。曾參與《巧克力的書》、《東西誕生「現在的生活」》、高田喜佐的鞋子的書《SHOE SHOE天國》等的企劃編輯。

喝一杯，幸福無限——享受世界名茶 ENJOY系列 4

主　　編／喝茶時間・書籍編輯部
譯　　者／曾麗錦
出 版 者／生智文化事業有限公司
發 行 人／林新倫
執行編輯／鄭美珠
登 記 證／局版北市業字第 677 號
地　　址／台北市新生南路三段 88 號 5 樓之 6
電　　話／(02)2366-0309　2366-0313
傳　　眞／(02)2366-0310
E-mail／tn605547@ms6.tisnet.net.tw
網　　址／http://www.ycrc.com.tw
郵政劃撥／14534976
戶　　名／揚智文化事業股份有限公司
印　　刷／鼎易印刷事業股份有限公司
法律顧問／北辰著作權事務所　蕭雄淋律師
總 經 銷／揚智文化事業股份有限公司
初版一刷／2001 年 1 月
定　　價／新台幣 180 元
ISBN／957-818-216-3

國家圖書館出版品預行編目資料

喝一杯，幸福無限──享受世界名茶／喝茶時間・書籍編輯部主編；曾麗錦譯. -- 初版. -- 台北市：生智，2001 [民90]

面；　公分. --（ENJOY系列；4）

ISBN　957-818-216-3（平裝）

1. 茶

427.41　　89015588